飞机机械维修技能基础

主　编　李向新　邓　岚

副主编　周密乐　康小波　文　成

主　审　熊　纯

北京理工大学出版社
BEIJING INSTITUTE OF TECHNOLOGY PRESS

内 容 简 介

本书根据飞机维修各岗位技能的需求，按模块组织教学内容，主要教学内容包括常用工具、量具的使用，航空紧固件拆装与保险，航空管路标准施工，钣金手工成型与铆接，研磨以及密封、粘接与腐蚀防护等飞机机械维修方面的基本技能。

本书适合作为高等院校飞机维修相关专业的教材，也可作为航空维修行业从业人员的岗位培训参考用书。

图书在版编目（CIP）数据

飞机机械维修技能基础 / 李向新，邓岚主编. -- 北京：
北京理工大学出版社，2021.10
ISBN 978-7-5763-0539-5

Ⅰ.①飞… Ⅱ.①李… ②邓… Ⅲ.①飞机－维修－
教材 Ⅳ.①V267

中国版本图书馆CIP数据核字（2021）第213169号

出版发行／北京理工大学出版社有限责任公司
社　　址／北京市海淀区中关村南大街5号
邮　　编／100081
电　　话／（010）68914775（总编室）
　　　　　（010）82562903（教材售后服务热线）
　　　　　（010）68944723（其他图书服务热线）
网　　址／http://www.bitpress.com.cn
经　　销／全国各地新华书店
印　　刷／河北鑫彩博图印刷有限公司
开　　本／787毫米×1092毫米　1/16
印　　张／18
字　　数／404千字
版　　次／2021年10月第1版　2021年10月第1次印刷
定　　价／75.00元

责任编辑／阎少华
文案编辑／阎少华
责任校对／周瑞红
责任印制／边心超

图书出现印装质量问题，请拨打售后服务热线，本社负责调换

前　言

为满足航空维修相关专业机械维修基本技能的教学需要，依据航空维修相关的维修标准与要求，编写了这本教材。

本书对接航空维修行业标准和岗位规范，紧贴岗位实际工作过程，广泛吸收行业企业技术人员、能工巧匠等的参考意见，形成以能力培养为主、与岗位要求相适应的知识、技能、素养有机融合的模块化教学内容。教材各模块的教学围绕深化教学改革和"互联网＋职业教育"发展需求，注重以真实生产项目、典型工作任务等为教学载体组织教学单元，教材各模块的教学内容从航空维修职业岗位需求出发，通过完成真实具体的实训项目和工作任务来学习专业知识、训练操作技能，同时通过强化操作过程中的注意事项，注重学生职业素养的养成。教材在开发的过程中遵循技术技能人才的成长规律，将专业知识、操作技能和职业素养有机融入教材内容。

本书紧跟时代步伐，结合航空维修各工作岗位的工作作风要求、风险责任意识、安全文明规范、团队合作精神等职业精神和职业素养，通过强化维修过程中工具的"三清点"、工作现场的 6S 管理以及工作过程中的操作规范性和操作注意事项等，将职业素养、规章意识、道德修养等思政元素有机融入教材内容，凸显教材的课程思政。

本书的开发立足于航空维修工作岗位的需求，结合军队修理系统从业人员资格证书和民用航空器维修人员执照等证书要求，融入飞机发动机拆装调试与维修技能大赛和世界技能大赛飞机维修项目等赛项的标准和规范，满足航空类专业维修基本技能课程教学大纲的要求。

本书根据航空维修各岗位技术技能的需求，分模块介绍了常用工具、量具的使用，航空紧固件拆装与保险，航空管路标准施工，钣金手工成型与铆接，研磨以及密封、粘接与腐蚀防护等飞机机械维修方面的基本技能，各模块前后衔接，又相对独立，不同专业的老师和学生可根据各专业的不同特点和需求选择相应模块灵活组课和自主学习。

本书是飞行器维修国家教学资源库中"飞机机械维修基本技能"课程和中国大学慕课平台在线开放课程"飞机机械维修基本技能"的配套教材，在飞行器维修专业国家教学资源库中，配套建设了集文本、图片、视频、动画和虚拟仿真等资源在内的完善的线上课程资源，在中国大学慕课平台上开发建设了完整的微课教学视频、课件和测试题库等，另外，本书在出版发行纸质教材的同时，配套建设了专用的数字化教学视频资源，学习者可通过扫描书中的二维码进行学习。

　　本书由长沙航空职业技术学院李向新、邓岚担任主编，李向新统稿，周密乐、康小波和文成担任副主编，由长沙航空职业技术学院熊纯教授主审。具体编写分工为：模块一和模块三由李向新编写，模块二由康小波编写，模块四由周密乐编写，模块五由文成编写，模块六由邓岚编写。本书在编写过程中得到了国营四达机械制造公司朱有富、襄阳航泰动力机器厂舒毅、成都国营锦江机器厂王翔空和长沙五七一二飞机修理厂罗辑等高工提供的案例与素材，同时也得到了江苏航空职业技术学院贾斯法、许昌职业技术学院王威风、浙江交通职业技术学院项峻松等老师和长沙航空职业技术学院相关老师的帮助和指导，在此深表谢意。

　　由于编者水平有限，时间仓促，书中难免存在不足和错误之处，敬请各位读者批评指正。

编　者

目录 Contents

04

模块四　钣金手工成型与铆接

05

模块五　研磨

06

模块六　密封、粘接与腐蚀防护

常用工具、量具的使用

【学习内容】

　　工具、量具的正确使用、维护与管理，是航空维修工作中一项十分重要的内容，为了确保航空维修的工作质量、提高维修的工作效率，保证人员和装备的安全，在航空维修的工作过程中，维修人员必须能够规范与熟练地使用工具、量具。本模块主要介绍航空维修过程中常用工具、量具的名称、功用、使用方法、使用注意事项及工具、量具的保管与维护等内容。

【学习目标】

1. 知识目标

　　（1）熟悉常用工具的名称与功用；

　　（2）熟悉常用工具的使用方法与注意事项；

　　（3）熟悉工具的保管和维护基本知识；

　　（4）熟悉常用量具的名称与功用；

　　（5）熟悉常用量具的构造、使用方法与注意事项；

　　（6）熟悉量具的保管和维护基本知识。

2. 能力目标

　　（1）认识、清点和维护工具；

　　（2）在航空维修工作中正确使用工具；

　　（3）掌握常用量具的使用和维护技能；

　　（4）用常用量具进行零件尺寸的测量；

　　（5）对工具、量具进行保管与维护。

3. 素质目标

　　（1）养成严谨的航空维修工作作风；

　　（2）养成按章办事、精益求精的工匠精神；

　　（3）养成工具三清点的良好工作习惯；

　　（4）养成爱岗敬业的职业精神。

项目一 工具的认知与使用

【学习任务】

本项目通过学习航空维修中常用的敲击类工具、夹持类工具和拧动类工具等的名称、功用、使用方法和使用注意事项等基本知识，完成工具的清点和工具的使用等实训任务，让学员能够正确区分、识别和清点常用的工具，能够正确选用常用工具进行相关维修工作。

【学习目标】

1. 知识目标

（1）熟悉常用工具的名称与功用；

（2）熟悉常用工具的使用方法与注意事项；

（3）熟悉工具的保管和维护基本知识。

2. 能力目标

（1）认识、清点和维护工具；

（2）在航空维修工作中正确使用工具；

（3）对工具进行保管和维护。

3. 素质目标

（1）养成严谨的航空维修工作作风；

（2）养成按章办事、精益求精的工匠精神；

（3）养成工具三清点的良好工作习惯。

【典型工作任务】

工具的清点、检查与维护：对照工具清单按要求进行工具的清点，检查工具的型号、规格是否符合要求，检查工具是否能正常使用，对工具进行日常的维护和保养工作。

任务一 敲击类工具的认知与使用

【学习任务】

本任务主要学习航空维修中常用的敲击类工具（榔头、冲子）的名称、功用、使用方法和使用注意事项等基本知识及操作技能，让学员能够正确区分、识别常用的敲击类工具，能够正确选用敲击类工具进行相关维修工作。

【学习目标】

1．知识目标

（1）熟悉常用敲击类工具的名称与功用；

（2）熟悉常用敲击类工具的使用方法与注意事项。

2．能力目标

（1）认识各种敲击类工具；

（2）在航空维修工作中正确选用工具；

（3）使用敲击类工具进行相关维修工作。

3．素质目标

（1）养成严谨的航空维修工作作风；

（2）养成按章办事、精益求精的工匠精神；

（3）养成工具三清点的良好工作习惯。

【典型工作任务】

敲击类工具的选择与使用：

对照工具清单按要求进行工具的清点和检查，正确地选用钢榔头、木榔头、铝榔头和橡胶榔头等完成相应的敲击操作，能够正确地选用中心冲、起始冲和直杆冲等进行相应的敲击操作，掌握敲击类工具的选用方法和使用时的注意事项。

【学习内容】

敲击类工具主要包括榔头和冲子。

一、榔头

榔头是航空维修工作中最常用的一种工具，可直接敲击工件，也可通过敲击冲子、錾子等间接对工件产生振动冲击。常用的榔头有硬榔头（钢榔头）、软榔头（木榔头、铝榔头、铜榔头、塑料榔头和橡胶榔头等），不同材料的榔头硬度各不同，其使用的场合也不同。

（一）榔头的认知

1. 硬榔头（钢榔头）

航空维修中常用的硬榔头，即钢榔头（图1-1），为圆头锤，其一端为平头，另一端为球头，由于敲击面硬度比较大，一般不能直接敲击机件，尤其是不能用于敲击铝及铜等相对较软的金属部件，也不能用于直接敲击螺栓，通常结合冲子来进行敲击。

图1-1　钢榔头

2. 软榔头

常用软榔头有铝榔头、铜榔头、木榔头、塑料榔头和橡胶榔头等（图1-2）。

图1-2　软榔头

软榔头常用于软金属的成型加工和软金属部件及容易损坏表面的敲击作业。其中，铝榔头、木榔头和橡胶榔头常分别用于钣金成型时的放边、收边和整形操作（图1-3～图1-5）。塑料榔头及合成材料榔头用于安装固定卡箍和敲击螺栓等。

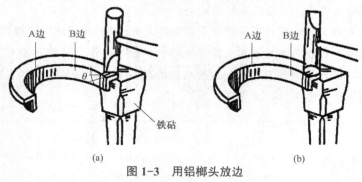

(a)　　　　　　　　　　　　　(b)

图1-3　用铝榔头放边

（a）锤展型材；（b）锤平型材表面

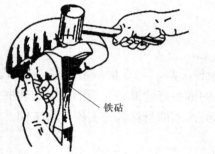

图1-4　用木榔头收边

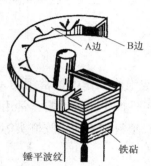

图1-5　用橡胶榔头整形

4

（二）榔头的使用方法

1．榔头的握法

榔头的握法有紧握法（图 1-6）和松握法（图 1-7）两种。

（1）紧握法。用右手的食指、中指、无名指和小拇指握紧榔头手柄，柄尾伸出 15～30 mm，大拇指贴在食指上，在挥动榔头和敲击时保持不变。

（2）松握法。只有大拇指和食指始终握紧榔头手柄，其余手指放松。敲击时，中指、无名指、小拇指一个接一个地握紧榔头手柄，挥锤时以相反的次序放松。此法使用熟练时可加强锤击力，而且不易疲劳。

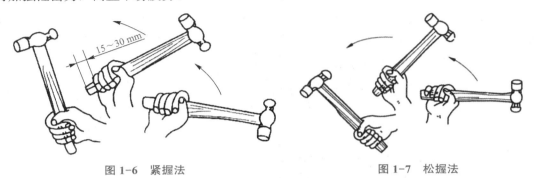

图 1-6　紧握法　　　　　　　　　　图 1-7　松握法

2．挥锤的方法

挥锤的方法有手挥、肘挥、臂挥三种。

（1）手挥：只有手腕的运动，锤击力比较小。

（2）肘挥：手腕和肘部一起动作，锤击力较大，运用最广。

（3）臂挥：手腕、肘部和上臂一起运动，锤击力最大，但应用较少。

（三）榔头的使用注意事项

在使用榔头时，主要应注意以下事项：

（1）工作时应根据具体的工作任务选用不同大小、材质和形状的榔头；

（2）使用前要检查榔头手柄固定是否牢靠、有无油渍，防止榔头飞出；

（3）使用前注意检查榔头锤击表面无油污，防止榔头打滑损伤周围机件；

（4）使用前注意检查榔头锤击表面应光滑无压痕，避免损伤机件；

（5）敲击时应使榔头的端面始终垂直于被敲击的机件。

■ 二、冲子

冲子可用于定位（定圆的中心、钻孔点等）和冲销（冲出销子、螺栓或损坏的铆钉等）。冲子虽然自身不能产生敲击力，但它可使榔头的敲击力准确集中于一处，发挥榔头的敲击作用，并使敲击力得以很大增强，因此将冲子归到敲击类工具里。

（一）冲子的认知

根据形状的不同，常用的冲子有针冲、中心冲、起始冲、直杆冲和转换冲等。

1．针冲

针冲（图 1-8）是将图纸的尺寸和孔的位置描绘到金属材料上，为金属材料的加工提供基准标志的制痕工具。针冲冲尖比较尖细，使用时切勿用榔头重敲，以免损伤针冲冲尖。

图 1-8　针冲

2. 中心冲

中心冲的冲体比针冲粗重，冲尖大约为 60°，可以承受较大的冲击力。常用于在工件上冲出冲点或为钻孔处冲出一个较大的压坑（引导窝），便于钻头定位。

中心冲有实心中心冲（图 1-9）和空心中心冲（又称自动中心冲）（图 1-10）两种形式。空心中心冲在冲体（手柄）中央装有弹簧助力装置，当冲尖对准被冲位置并按压至一定的力量时，冲尖在内部机件的作用下产生足够的冲击力，从而在工件上冲出大小适宜的压坑。冲尖冲击力的大小通过调整手柄旋钮来进行调定。

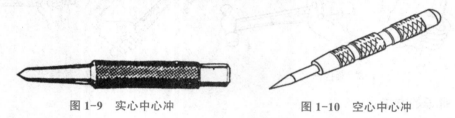

图 1-9　实心中心冲　　　　　　　　　　图 1-10　空心中心冲

3. 起始冲

起始冲又称顶冲（图 1-11），可以用于将孔内的销钉、螺栓或铆钉等机件冲松动。针冲和中心冲都有较尖的冲尖，敲击时会损伤机件端面或使被敲击的机件端面膨胀，导致咬合更紧，所以不能用于从孔中冲出机件。而起始冲端面为平头，冲杆是过渡锥形，受力时变形较小，通过敲击可以使连接螺栓等松动而不损坏。

4. 直杆冲

直杆冲（图 1-12）也称为穿孔冲或销冲，与起始冲相似，其端面也为平头，不同点在于起始冲是锥状变细到平面端头，而直杆冲是锥状变细到直杆颈部，等直径段较长。直杆冲和起始冲都是以平头端面直径而定规格，同规格的直杆冲强度要比起始冲弱。

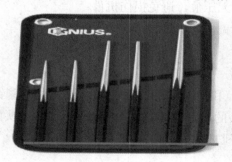　　　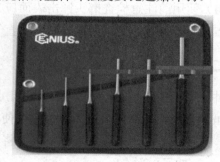

图 1-11　起始冲　　　　　　　　　　　图 1-12　直杆冲

直杆冲主要用于敲出已经松动的铆钉、螺栓等（图 1-13），也用于装配时帮助对正连接孔，引导螺栓顺利进入连接孔（图 1-14）。

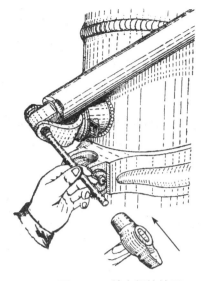

图 1-13　敲出螺栓情形

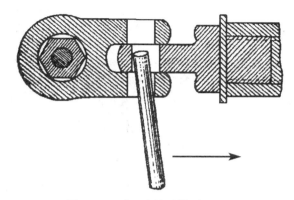

图 1-14　对正连接孔情形

常用冲子有钢冲、铜冲和铝冲等。敲击时应注意选用比被敲机件材料软的冲子，以保证不损伤被敲机件。在维修工作中，有时候会使用棒材来替代冲子使用，如钢棒、铜棒、铝棒等，由于其外形呈圆柱形，接触工件的面积较大，压强较少，不容易造成工件的损伤，因此也得到广泛应用。

5．转换冲

转换冲（图 1-15）是专用标记冲之一，用于将样板或型板上孔的位置准确转换到待加工工件上。其特点是冲杆直径与样板上钉孔直径相等，利用冲杆中心的尖端，在待加工工件上留下钻孔中心标记。

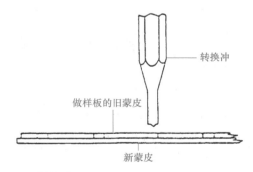

图 1-15　转换冲

（二）冲子使用注意事项

在使用冲子时，主要应注意以下事项：

（1）针冲不能用榔头重敲，否则会损伤针冲冲尖；

（2）选用起始冲和直杆冲敲击机件时注意选用比被敲机件材料软的冲子；

（3）拆除连接孔中的螺栓等零件时，一般采用起始冲与直杆冲配合使用。先用起始冲顶松，然后改用直杆冲敲出零件。

◨◇ 【工作任务的实施】

工卡标题	敲击类工具的选择与使用				工卡编号	1-1-1
工作区域					实训日期	
版本	R0				工时	30 min
任务描述	对照工具清单按要求进行工具的清点和检查，正确地选用钢榔头、木榔头、铝榔头和橡胶榔头等完成相应的敲击操作，能够正确地选用中心冲、起始冲和直杆冲等进行相应的敲击操作，掌握敲击类工具的选用方法和使用时的注意事项					
注意事项	1. 严格遵守操作规程； 2. 注意安全，严禁违规作业					
类别	名称	规格型号	单位	数量	工作者	检查者
工具、量具	标准工具箱		个	1		
	钢榔头		件	1		
	木榔头		件	1		
	铝榔头		件	1		
	橡胶榔头		件	1		
	中心冲		件	1		
	起始冲		件	1		
	直杆冲		件	1		
耗材	收边件		件	1		
	放边件		件	1		
	铝板		件	1		
	连接螺栓		件	1		
工作步骤					工作者	检查者
1. 对照工具清单清点工具						
2. 对工件进行放边操作时正确选用工具						
3. 对工件进行收边操作时正确选用工具						
4. 对工件进行整形操作时正确选用工具						
5. 正确选用工具在工件上打冲点						
6. 正确选用工具敲出连接螺栓						
7. 回答问题：敲击类工具使用时的注意事项（5条以上）						
结束工作					工作者	检查者
清点、检查和维护工具，清扫和整理现场						

任务二　夹持类工具的认知与使用

【学习任务】

本任务主要学习航空维修中常用的夹持类工具的名称、功用、使用方法和使用注意事项等基本知识及操作技能，让学员能够正确区分、识别常用的夹持类工具，能够正确选用夹持类工具进行相关维修工作。

【学习目标】

1. 知识目标

（1）熟悉常用夹持类工具的名称与功用；

（2）熟悉常用夹持类工具的使用方法与注意事项。

2. 能力目标

（1）认识各种夹持类工具；

（2）在航空维修工作中正确选用工具；

（3）使用夹持类工具进行相关维修工作。

3. 素质目标

（1）养成严谨的航空维修工作作风；

（2）养成按章办事、精益求精的工匠精神；

（3）养成工具三清点的良好工作习惯。

【典型工作任务】

夹持类工具的选择与使用：

对照工具清单按要求进行工具的清点和检查，正确地选用尖嘴钳、斜口钳、鸭嘴钳和保险片钳等进行保险丝、开口销、保险片的保险操作，正确选用大力钳拆卸难拆紧固件等；掌握夹持类工具使用的方法和使用时的注意事项。

【学习内容】

夹持类工具主要就是钳子，常用的钳子有平口钳、尖嘴钳、鸭嘴钳、斜口钳、鱼口钳、保险丝钳、保险片钳、卡环钳、大力钳和插头钳等。

■ 一、钳子的认知

（一）平口钳

平口钳（图1-16）的钳口较厚，前端平直，可用于夹持，后端有剪切刃，可用于剪切钢丝等物。平口钳兼具鱼口钳和斜口钳的功能。平口钳的平直钳口可用于夹持机件，常用于板件的弯曲和整形。

图 1-16 平口钳

（二）尖嘴钳

尖嘴钳（图1-17）有不同长度的半圆形钳口，用于夹持小物体，可用于狭小空间的操作，在航空维修中常用于保险丝施工时的夹持和拉扯保险丝等。

图 1-17 尖嘴钳

（三）鸭嘴钳

鸭嘴钳（图1-18）的钳口扁平，形状像鸭嘴，在颚口内有细牙，用来增加对夹持物的摩擦力。较长的手柄提供了良好的夹持能力，多用于拧紧保险丝花结。由于其结构比较轻巧、单薄，所以不能用于大力矩的夹持。

图 1-18 鸭嘴钳

（四）斜口钳

斜口钳（图1-19）又称克丝钳，钳口有一个小角度形成刀刃，是短钳口的剪切工具，用于剪切金属丝、铆钉、开口销等，不能用作夹持工具使用，防止损伤零部件。在航空维修中常用于保险丝保险和开口销保险施工时的剪切。

图 1-19 斜口钳

（五）鱼口钳

鱼口钳（图1-20）也称滑动支点钳，是常用夹持工具，钳子长度有 150 ～ 200 mm 不同尺寸，在其铰接点部位有一个双孔槽，通过改变滑动支点在双孔中的位置，可以改变夹持物件的范围。鱼口钳的夹齿较为锋利，一般不建议用于夹持保险丝，也不能用于夹持紧固件，尤其不能用于夹持铝、铜等螺母，否则将破坏螺母的外形，导致正常扳手不能使用。

图 1-20 鱼口钳

（六）保险丝钳

保险丝钳（图1-21）集夹持、剪切、旋转于一体。使用时，首先在已固定好一端的保险丝上确定所需编结的保险丝长度，然后用钳口夹持住另一端并用锁机构锁紧，然后用手抓住钳子尾端的旋转钮，来回拉动，即可使保险丝编花。其编结的密度取决于来回拉动的次数。保险丝钳的刃口可用于剪去多余的保险丝。保险丝钳是一种较高效的保险丝施工工具，但是由于钳口的夹持会造成保险丝夹痕损伤，所

图 1-21 保险丝钳

以在一些特殊区域禁止使用其施工操作，如钢索的松紧螺套保险等。

图 1-22　保险片钳

（七）保险片钳

保险片钳（图 1-22）是一种专用的夹持工具，用于对紧固件实施保险片保险时夹持保险片。

（八）卡环钳

卡环钳可分为内卡环钳和外卡环钳两种（图 1-23）。其头部有两个凸尖，用于插入卡环耳孔。内卡环钳又叫作穴用卡环钳，用于拆卸和安装孔内的卡环，常态时钳口是打开的，使用时卡环钳带动卡环收缩变形完成拆卸和安装；外卡环钳又叫作轴用卡环钳，用于拆卸和安装轴上的卡环，常态时钳口是闭合的，使用时通过卡环钳带动卡环张开变形完成拆卸和安装。

使用卡环钳施工时，要佩戴护目镜，并且用手挡住卡环，以免卡环弹出伤人或掉落。

图 1-23　卡环钳

（九）大力钳

大力钳（图 1-24）属于复合型钳子，具备杠杆加力机构，其复合支点可使夹持力倍增，夹持力的大小和夹持开度可通过手柄后端旋钮调节。当压紧手柄时，由于过挠度的自锁作用，即使松开手柄，两颚口也不会打开。如果需要松开颚口，可通过按压手柄后端的小杠杆使其松开。使用大力钳拆卸机件时一般属于破坏性拆卸，常用于拆卸变形的螺钉和断头螺栓等。

图 1-24　大力钳

（十）插头钳

插头钳（图 1-25）钳口可平行沿滑槽滑动来调节夹持的范围。插头钳用于电气插头的拆卸和安装，其头部夹口呈圆形，且内口贴有起保护作用的橡皮或柔软材质。

图 1-25　插头钳

■ 二、钳子使用注意事项

航空维修过程中使用钳子进行操作时，主要应注意以下事项：

（1）根据不同施工情形选用不同类型的钳子；

（2）不要用钳子拧螺母，钳子的夹持会使螺母快速损坏；

（3）不要使钳子超出它的能力，长钳口特别脆弱，容易产生崩裂、折断或造成边缘缺损；

（4）使用卡环钳施工时，要佩戴护目镜，并且用手挡住卡环，以免卡环弹出伤人或掉落。

工卡标题	夹持类工具的选择与使用			工卡编号		1-1-2
工作区域				实训日期		
版本	R0			工时		30 min
任务描述	对照工具清单按要求进行工具的清点和检查，正确地选用尖嘴钳、斜口钳、鸭嘴钳和保险片钳等进行保险丝、开口销、保险片的保险操作，正确地选用大力钳拆卸难拆紧固件等；掌握夹持类工具使用的方法和使用时的注意事项。考核结束时，需提交工卡					
注意事项	1. 严格遵守操作规程； 2. 注意安全，严禁违规作业					

类别	名称	规格型号	单位	数量	工作者	检查者
工具、量具	标准工具箱		个	1		
耗材						

工作步骤	工作者	检查者
1. 对照工具清单清点工具		
2. 回答问题：列出 5 种以上夹持类工具		
3. 正确选用工具对指定部位进行保险丝保险		
4. 正确选用工具对指定部位进行开口销保险		
5. 正确选用工具对指定部位进行保险片保险		
6. 正确使用大力钳拆卸指定紧固件		
7. 回答问题：夹持类工具使用时的注意事项（写出 3 条以上）		
结束工作	工作者	检查者
清点、检查和维护工具，清扫和整理现场		

任务三　拧动类工具的认知与使用

【学习任务】

　　本任务主要学习航空维修中常用的拧动类工具的名称、功用、使用方法和使用注意事项等基本知识及操作技能，让学员能够正确区分、识别常用的拧动类工具，能够正确选用拧动类工具进行相关维修工作。

【学习目标】

1．知识目标

　　（1）熟悉常用拧动类工具的名称与功用；
　　（2）熟悉常用拧动类工具的使用方法与注意事项。

2．能力目标

　　（1）认识各种拧动类工具；
　　（2）在航空维修工作中正确选用工具；
　　（3）使用拧动类工具进行相关维修工作。

3．素质目标

　　（1）养成严谨的航空维修工作作风；
　　（2）养成按章办事、精益求精的工匠精神；
　　（3）养成工具三清点的良好工作习惯。

【典型工作任务】

　　扳手的选择与使用：
　　对照工具清单按要求进行工具的清点和检查，正确地选用开口扳手、梅花扳手、套筒扳手和棘轮工具等对紧固件与管路进行拆装操作。
　　螺钉旋具的选择与使用：
　　对照工具清单按要求进行工具的清点和检查，正确地选用一字螺钉旋具、十字螺钉旋具等进行螺钉的拆装操作；掌握螺钉旋具选用的方法和螺钉旋具使用时的注意事项。

【学习内容】

　　拧动类工具主要包括扳手和螺钉旋具。

■ 一、扳手

扳手是航空维修工作中最常用的一种拧动工具。根据形状的不同，扳手可分为活动扳手、开口扳手、梅花扳手、棘轮梅花扳手、组合扳手、管螺母扳手、内六角扳手、套筒扳手和专用扳手等。

（一）扳手的认知

1. 活动扳手

活动扳手（图1-26）是一种开口可调的扳手。在调节扳手开口时，咬合面存在一定的活动间隙，会使扳手和螺母六角面接合不严而产生滑动，拆装时可能会造成螺母六角面损伤的现象，所以，在航空维修的过程中，禁止使用活动扳手。活动扳手平时只能作为一种辅助工具，在地面设备维修时使用。

图1-26 活动扳手

2. 开口扳手

开口扳手（图1-27）俗称呆扳手、死扳手。扳手的两端开有平行张开的扳手口与螺栓螺母配合，开口通常与手柄形成15°（也有30°、60°），这样的设计便于在有限的地方旋转拆装紧固件，在狭小空间操作受阻时，可通过翻转扳手，使操作获得空间。由于开口扳手接触螺栓和螺母仅限两个平面，咬合力度明显不如梅花扳手和套筒扳手，所以在选用扳手时应考虑优先选用梅花扳手或套筒扳手拧松大力矩紧固件，然后使用开口扳手拧下，这样可最大限度地避免紧固件的棱角受损。

图1-27 开口扳手

3. 梅花扳手

梅花扳手（图1-28）也称眼眶扳手，其圆框的内圈有6个或12个角，旋转时增加了与螺母六个角的接触点，便于力的分布，其对螺母的咬合力比开口扳手大，一般不易打滑，适用较大力矩紧固件的拧动施工。12个内角设计，使梅花扳手可在15°的摆动范围内使用。

4. 棘轮梅花扳手

棘轮梅花扳手（图1-29）可连续转动扳手进行拧紧或拧松紧固件，拧转效率比普通扳手更高，特别是在比较狭小的位置施工时，比使用普通扳手更加方便。棘轮梅花扳手通常通过翻转扳手的方式来改变拧转方向。

图1-28 梅花扳手　　　　　　　　　　图1-29 棘轮梅花扳手

5. 组合扳手

组合扳手（图1-30）又称开梅扳手，一端是梅花扳手，另一端是同样尺寸规格的开口扳手。使用时可以先用梅花扳手拧松紧固件，然后改用开口扳手拧下紧固件，使用非常方便。

6. 管螺母扳手

管螺母扳手（图1-31）又称缺口梅花扳手，用于飞机管路接头螺母的拆装。其外形特征与梅花扳手相似，但是在其端部开有一槽口，便于从管子进出，然后套进管路的螺母进行操作。其相对于开口扳手，不容易造成管路螺母棱角的损坏，另外，管螺母扳手咬合螺栓和螺母的角度更加多变，所以，在空间狭窄的地方操作时要比开口扳手更加方便。

图1-30　组合扳手

图1-31　管螺母扳手

7. 内六角扳手

内六角扳手（图1-32）是一种专用的拆装工具，用来拆装端头带内凹式六角孔的螺栓。开始拧松和最后拧紧螺栓需要较大力矩时，可把短端插入螺栓孔，手握长端增加力臂，待螺栓拧松后可改用长端插入螺栓孔内快速拧出螺栓。内六角扳手简单轻巧，扳手与内六角孔螺栓之间有六个接触面，受力充分不容易损坏，另外，内六角扳手可用来拆装深孔中的螺栓。

8. 套筒扳手

套筒扳手（图1-33）由套在螺母或螺栓头上的套筒和连接到套筒上的手柄两部分组成。套筒一端内有六角或十二角卡口与螺母配合，另一端为正方形的开口供安装手柄。一般将多尺寸的套筒、各种类型的手柄及加长杆等装于一个工具盒内，成为套筒扳手套装，方便携带和使用。

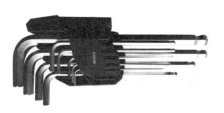

图1-32　内六角扳手

图1-33　套筒扳手

套筒可分为标准套筒和加长套筒（图1-34）。一般情况多使用标准套筒施工，若螺栓凸出螺母太多，可选择加长套筒拧动施工。

手柄常见的有L形手柄、铰接手柄、棘轮手柄和快速手柄（俗称摇把）等（图1-35）。其中，棘轮手柄可通过换向装置实现套筒扳头向旋紧或旋松两个方向的连续快速运动，但当紧固件过紧难以拧松时，不能直接使用棘轮手柄拧松紧固件，而应先使用L形手柄、T形

(a)

(b)

图1-34　套筒

（a）标准套筒；（b）加长套筒

15

手柄或铰接手柄拧松紧固件，然后才能使用棘轮手柄拧动紧固件。铰接手柄置于垂直套筒位置时，可获得最大的力臂，方便拧松紧固件，而一旦拧松，可将扳杆直立与套筒同轴，又能快速旋转拧下紧固件。快速手柄可通过弓形曲柄快速旋转紧固件。

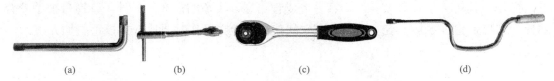

图 1-35　套筒扳手手柄

（a）L 形手柄；（b）铰接手柄；（c）棘轮手柄；（d）快速手柄

当拧动的施工空间受限时，可使用加长杆连接套筒与手柄，改变拧动空间进行施工。

（二）扳手使用注意事项

航空维修过程中使用扳手进行操作时，主要应注意以下事项：

（1）航空维修的过程中，禁止使用活动扳手；

（2）扳手选用时优先选用套筒扳手和梅花扳手；

（3）开始拧松和最后拧紧紧固件时，应使用固定扳手，不能使用棘轮扳手。

■ 二、螺钉旋具

螺钉旋具是航空维修工作中常用的一种拧动工具，主要用于拧螺钉。根据螺钉旋具刀头形状的不同，螺钉旋具可分为一字螺钉旋具和十字螺钉旋具等。

（一）螺钉旋具的认知

1．一字螺钉旋具

一字螺钉旋具（图 1-36）又称普通型螺钉旋具，用于带有一字形槽口螺钉紧固件的拆装。选用一字形螺钉旋具时，应保证螺钉旋具口的刃宽不少于螺钉头上槽口长度的 75%。刃口应锋利，与槽口两侧平行，且能插到槽的底部，否则将会损坏螺钉槽口。

图 1-36　一字螺钉旋具

2．十字螺钉旋具

十字螺钉旋具（图 1-37）用于带有十字形槽口螺钉紧固件的拆装。螺钉的十字形槽口可分为双锥形和单锥形两种（图 1-38）。双锥形槽口两侧不平行，十字心较粗，与之相对应的十字螺钉旋具刀刃较短，可插入较平的十字形槽孔底；单锥形槽口两侧较直，槽宽比较窄，十字凸出，呈单锥状，与之相对应的十字螺钉旋具刀刃较长且较尖，常称尖十字螺钉旋具。选用十字螺钉旋具时，应注意根据螺钉十字形槽口的不同类型来选用。

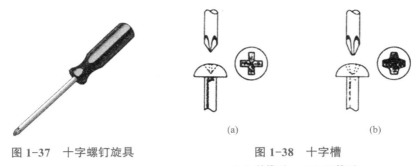

图 1-37　十字螺钉旋具

图 1-38　十字槽
（a）单锥形；（b）双锥形

3．偏置螺钉旋具

偏置螺钉旋具（图 1-39）的两端头与杆身成 90°，两刀口相互垂直。在垂直空间受到限制时，可使用偏置螺钉旋具进行操作，交替使用两头，大多数螺钉都能完成拆装。

4．棘轮式螺钉旋具

棘轮式螺钉旋具（图 1-40）是一种手动快速螺钉旋具。它可更换螺钉旋具头，使用时通过手柄处的棘轮装置可使螺钉旋具刀头连续旋转，手柄的转换开关可以选择旋转方向，以拆装螺钉。

图 1-39　偏置螺钉旋具　　　　图 1-40　棘轮式螺钉旋具

5．气动螺钉旋具

气动螺钉旋具（图 1-41）是用气源做动力的螺钉旋具。这种螺钉旋具端头有固定螺钉的夹具，无论是拆螺钉还是装螺钉都不会脱落。有些螺钉旋具上还设有力矩预置装置，可防止安装时力矩过大。

图 1-41　气动螺钉旋具

（二）螺钉旋具使用注意事项

航空维修过程中使用螺钉旋具进行操作时，主要应注意以下事项：

（1）使用螺钉旋具时螺钉旋具必须与螺钉头表面垂直，否则很容易造成螺钉上的螺钉旋具槽损坏；

（2）使用螺钉旋具时应当始终保持一定的压力，以防止刃口从螺钉头的槽中滑出，损伤周围的结构；

（3）当在小零件上用螺钉旋具时，应将零件固定在工作台上，不要拿在手上，以免螺钉旋具滑开造成人身伤害；

（4）使用棘轮式和旋转式螺钉旋具，应注意它们不是重负荷工具，初始拆卸、最终紧固大力矩时应该用标准固定杆式螺钉旋具拧紧；

（5）螺钉旋具不能当作錾子或撬棍使用，应随时注意保持刀头的形状和刃口。

工卡标题	扳手的选择与使用		工卡编号	1-1-3
工作区域			实训日期	
版本	R0		工时	30 min
任务描述	对照工具清单按要求进行工具的清点和检查，正确地选用开口扳手、梅花扳手、套筒扳手、棘轮扳手及螺钉旋具等对紧固件和管路进行拆装操作。考核结束时，需提交工卡			
注意事项	1. 严格遵守操作规程； 2. 注意安全，严禁违规作业			

类别	名称	规格型号	单位	数量	工作者	检查者
工具、量具	标准工具箱		个	1		
	套筒扳手	32 件套	套	1		
耗材						

工作步骤	工作者	检查者
1. 对照工具清单清点工具		
2. 正确选用扳手对指定部位螺栓进行拆卸		
3. 正确选用扳手（必须选用棘轮梅花扳手）对指定部位螺栓进行安装		
4. 正确选用扳手对指定部位管路进行拆卸		
5. 正确选用扳手对指定部位管路进行安装		
6. 回答问题：扳手使用时的注意事项（写出 5 条以上）		
结束工作	工作者	检查者
清点、检查和维护工具，清扫和整理现场		

工卡标题	螺钉旋具的选择与使用		工卡编号	1-1-4
工作区域			实训日期	
版本	R0		工时	30 min
任务描述	对照工具清单按要求进行工具的清点和检查，正确地选用一字螺钉旋具、十字螺钉旋具等进行螺钉的拆装操作；掌握螺钉旋具选用的方法和螺钉旋具使用时的注意事项。考核结束时，需提交工卡			
注意事项	1．严格遵守操作规程； 2．注意安全，严禁违规作业			

类别	名称	规格型号	单位	数量	工作者	检查者
工具、量具	标准工具箱		个	1		
耗材						

工作步骤	工作者	检查者
1．对照工具清单清点工具		
2．正确选用一字螺钉旋具分解指定部位螺钉		
3．正确选用一字螺钉旋具装配指定部位螺钉		
4．正确选用十字螺钉旋具分解指定部位螺钉		
5．正确选用十字螺钉旋具装配指定部位螺钉		
6．回答问题：螺钉旋具使用时的注意事项（写出 5 条以上）		

结束工作	工作者	检查者
清点、检查和维护工具，清扫和整理现场		

项目二　量具的认知与使用

【学习任务】

本项目通过学习游标卡尺、外径千分尺和力矩扳手等常用量具的名称、功用、使用方法和使用注意事项等基本知识，同时通过使用量具测量零件的尺寸、对紧固件加拧紧力矩等实训任务，让学员能够正确区分、识别常用的量具，能够正确选用常用量具进行相关的测量工作。

【学习目标】

1. 知识目标

（1）熟悉常用量具的名称与功用；

（2）熟悉常用量具的使用方法与注意事项；

（3）熟悉量具的保管和维护基本知识。

2. 能力目标

（1）认识、清点和维护量具；

（2）在航空维修工作中正确选用量具测量零件的尺寸；

（3）对量具进行保管和维护。

3. 素质目标

（1）养成严谨的航空维修工作作风；

（2）养成按章办事、精益求精的工匠精神；

（3）养成工具三清点的良好工作习惯。

【典型工作任务】

航空维修中要检查零件的内径、外径、长度、深度等各种尺寸或零件的形位公差，装配紧固件时有时有拧紧力矩的要求，工作者该如何正确地选用工具或量具来完成这些工作？在工作的过程中，工作者应如何检查、使用与维护这些工具、量具？

【工作任务的实施】

工卡标题	量具的检查与维护			工卡编号		1-2-1
工作区域				实训日期		
版本	R0			工时		30 min
任务描述	对照量具清单按要求进行量具的清点和检查，正确检查游标卡尺、外径千分尺、塞尺、钢直尺、百分表等量具是否合格，检查量具的零位误差，掌握量具的保管与维护方法、要求。考核结束时，需提交工卡					
注意事项	1. 严格遵守操作规程； 2. 注意安全，严禁违规作业					

类别	名称	规格型号	单位	数量	工作者	检查者
工具、量具	标准工具箱		个	1		
	游标卡尺	0～200 mm	件	1		
	外径千分尺	0～25 mm	件	1		
	外径千分尺	25～50 mm	件	1		
	塞尺		件	1		
	指针式力矩扳手	0～100 N·m	把	1		
	刚性梁扭力杆式力矩扳手	0～50 N·m	把	1		
	预置式力矩扳手	10～50 N·m	把	1		
	钢直尺		件	1		
	百分表		件	1		
耗材						

工作步骤	工作者	检查者
1. 对照清单清点量具		
2. 检查量具是否合格，写出不合格量具的不合格之处		
3. 检查游标卡尺和外径千分尺的零位误差 （1）游标卡尺＿＿＿＿＿＿＿＿； （2）0～25 mm 外径千分尺＿＿＿＿＿＿＿； （3）25～50 mm 外径千分尺＿＿＿＿＿＿＿		
4. 回答问题：量具使用、保管与维护注意事项（写出 5 条以上）		

结束工作	工作者	检查者
清理、清点、清洁量具，清扫和整理现场		

任务一　游标卡尺的认知与使用

【学习任务】

本任务主要学习游标卡尺的使用，学习普通公制游标卡尺、普通英制游标卡尺、带表游标卡尺和数显游标卡尺的使用方法与使用注意事项等基本知识，学会使用游标卡尺测量零件的外径、内径、长度和深度等尺寸。

【学习目标】

1. 知识目标

（1）了解游标卡尺的结构；
（2）掌握游标卡尺的使用方法与注意事项；
（3）掌握游标卡尺的保管和维护基本知识。

2. 能力目标

（1）认识、清点和维护游标卡尺；
（2）在航空维修工作中正确使用游标卡尺测量零件的尺寸；
（3）对游标卡尺进行保管和维护。

3. 素质目标

（1）养成严谨的航空维修工作作风；
（2）养成按章办事、精益求精的工匠精神；
（3）养成工具三清点的良好工作习惯。

【典型工作任务】

航空维修中要检查零件的内径、外径、长度、深度等各种零件的尺寸，工作者该如何正确地选用量具来完成这些测量工作？在测量的过程中，工作者应如何检查、使用和维护选用的量具？

【学习内容】

游标卡尺是一种比较精密的量具，通常用来测量零件的内径、外径和深度等参数。普通游标卡尺的副尺一般是在主尺上滑动，通过对刻度线的方法进行测量，另外，还有表盘式游标卡尺和数显式游标卡尺，其主要区别在于副尺结构不同，但其测量方法基本相同。

■ 一、普通游标卡尺

1. 结构

普通游标卡尺主要由主尺和游标尺等组成（图1-42）。游标尺可以移动，紧固螺钉用于固定游标尺。游标卡尺的外测量爪用来测量零件的外径；内测量爪用来测量零件的内径，深度尺用来测量零件的深度。

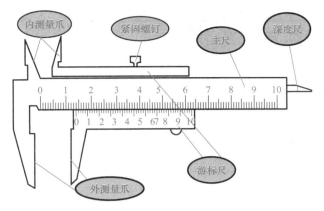

图1-42 游标卡尺的结构

游标卡尺的使用

2. 读数

游标卡尺有公制和英制之分。

（1）公制游标卡尺一般分为10分度、20分度和50分度三种规格。10分度游标卡尺的游标尺上有10个小格，精确度为0.1 mm；20分度游标卡尺的游标尺上有20个小格，精确度为0.05 mm；50分度游标卡尺的游标尺上有50个小格，精确度为0.02 mm。

50分度游标卡尺主尺上的刻度以mm为单位，每10格分别标以1、2、3……，以表示10、20、30……（mm）。游标尺上有50个小格，总长为49 mm，每小格的长度是0.98 mm，游标尺的每一分度与主尺的最小分度相差0.02 mm，所以，50分度游标卡尺的测量精度为0.02 mm。这种游标卡尺的读数方法可分以下三步进行：

1）根据副尺零线以左的主尺上的最近刻度读出整毫米数；

2）根据副尺零线以右与主尺上的刻度对准的刻线数乘上0.02读出小数；

3）将上面整数和小数两部分加起来，即总的读数。

如图1-43所示，副尺0线对齐主尺前面的刻度64 mm，副尺0线后的第9条线与主尺的一条刻线对齐。副尺0线后的第9条线表示0.02×9=0.18（mm），所以，被测工件的尺寸：64+0.18=64.18（mm）。

图1-43 游标卡尺读数

（2）英制游标卡尺的精度为 0.001 in[①]，其主尺每英寸分 10 大格，每大格为 0.1 in；每 1 大格又分成 4 小格，则每小格为 0.025 in，副尺刻线为 25 小格，对应主尺 24 小格 0.6 in 长度，每小格为 0.024 in，与主尺每一小格差 0.001 in。普通英制游标卡尺的读数和使用方法同公制游标卡尺相似，图 1-44 所示的读数为 1.329 in。

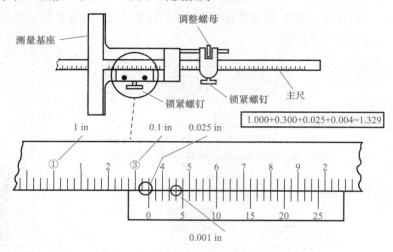

图 1-44　英制游标卡尺

3．测量工件尺寸

游标卡尺可用来测量工件的宽度、外径、内径和深度等，如图 1-45 所示。

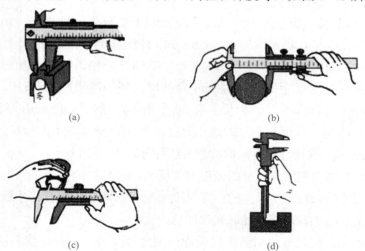

图 1-45　游标卡尺测量工件尺寸
（a）测量工件宽度；（b）测量工件外径；（c）测量工件内径；（d）测量工件深度

4．游标卡尺使用的注意事项

游标卡尺是比较精密的量具，使用时应注意以下事项：

（1）使用前，应先擦干净两卡脚测量面，合拢两卡脚，检查副尺 0 线与主尺 0 线是否对齐，若未对齐，应根据原始误差修正测量读数。

———————————
① 1 in ≈ 25.4 mm。

（2）测量工件时，用力不能过大，以免卡脚变形或磨损，影响测量精度，同时卡脚测量面必须与工件的表面平行或垂直，不得歪斜。图 1-46（a）所示为量爪的正确测量位置；图 1-46（b）所示为量爪的错误测量位置。

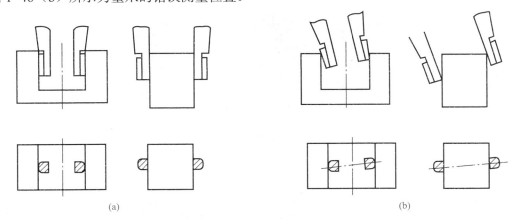

图 1-46　量爪的测量位置
（a）正确；（b）错误

（3）读数时，视线要垂直于尺面，否则测量值不准确。

（4）测量内径尺寸时，应轻轻摆动，以便找出最大值。

（5）游标卡尺使用完毕后，应仔细擦净，抹上防护油，平放在盒内，以防生锈或损坏。

二、带表游标卡尺

带表游标卡尺（图 1-47）又称附表卡尺，它的副尺是表盘，测量时通过齿条带动齿轮传动，将两测量爪相对移动转变为指示表指针的回转运动，并借助尺身刻度和指示表，对两测量爪相对移动所分隔的距离进行读数，比普通的机械式游标卡尺读数更为快捷准确。

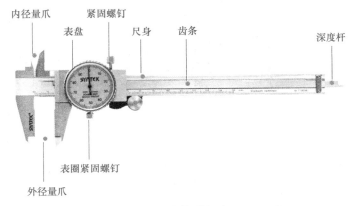

图 1-47　带表游标卡尺

带表游标卡尺指示表的分度值有 0.01、0.02、0.05 三种。指示表指针旋转一周所指示的长度，对分度值 0.01 的卡尺为 1 mm，对分度值 0.02 的为 2 mm，对分度值 0.05 的为 5 mm。

分度值为 0.01 的游标卡尺读数方法：表盘上面每一刻度的值为 0.01 mm，表盘指针每旋转整圈的值等于主尺上面 1 个刻度的值，为 1 mm。读数时，先读主尺上面的值，再读表盘上面的值。图 1-48 所示的读数为 2.58 mm。

图 1-48　0.01 分度带表游标卡尺

分度值为 0.02 的游标卡尺读数方法：表盘上面每一刻度的值为 0.02 mm，表盘指针每旋转整圈的值等于主尺上面 1 个刻度的值，为 1 mm。当主尺上面的值为偶数时，表盘上读右半圈的数值，图 1-49（a）所示的读数为 4.66 mm；当主尺上面的值为奇数时，表盘上读左半圈的数值，图 1-49（b）所示的读数为 5.94 mm。

（a）　　　　　　　　　　　　　　　　　　　　　　　（b）

图 1-49　0.02 分度带表游标卡尺
（a）主尺值为偶数；（b）主尺值为奇数

英制单位的导管和紧固件等常用分数形式表示其直径与长度，测量时可以选用带分数的英制表盘式游标卡尺。此种游标卡尺，副尺在主尺上移动 1 in，表盘上指针转动 1 周，表盘上内圈一周分 64 格，每小格为 1/64 in。此表盘外圈一周分 100 等分，则每小格为 0.01 in。读数时将主尺上整数读数与表盘上分数读数相加即可。

带表游标卡尺使用前应通过转动表盘校正零位，如图 1-50 所示。移动尺框，使两测量爪并拢，松开表圈紧固螺钉，移动表圈，使表针与表盘上方的"0"刻线重合。

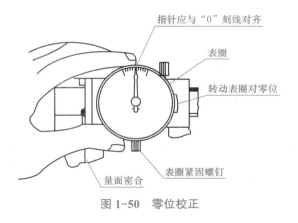

图 1-50 零位校正

三、数显游标卡尺

1. 结构

数显游标卡尺主要由尺体、传感器、控制运算部分和数字显示部分组成，如图 1-51 所示。数显卡尺用光电脉冲计数原理，将卡尺量爪的位移量转变为脉冲信号，通过计数器和显示器将测量尺寸用数字显示在屏上。数显卡尺具有读数直观、使用方便、功能多样的特点。

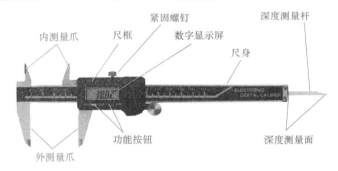

图 1-51 数显游标卡尺

2. 功能键介绍

数显游标卡尺可通过"（ON/OFF）"按钮打开电源开关，通过"in/mm"按钮实现公英制读数转换，通过"ZERO"或"ZERO/ABS"按钮进行清零，如图 1-52 所示。电子数显卡尺需要电源（纽扣电池），使用时要按下电源开关并调零，使用完毕要及时关闭电源。

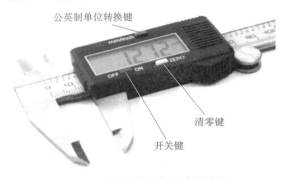

图 1-52 数显游标卡尺功能按钮

工卡标题	游标卡尺的使用		工卡编号		1-2-2
工作区域			实训日期		
版本	R0		工时		30 min
任务描述	对照工具、量具清单按要求进行工具、量具的清点和检查，正确检查游标卡尺是否合格，检查游标卡尺的零位误差，掌握游标卡尺的读数方法，用游标卡尺测量零件的宽度、外径、内径和深度等，掌握游标卡尺的保管与维护方法、要求。考核结束时，需提交工卡				
注意事项	1. 严格遵守操作规程； 2. 注意安全，严禁违规作业； 3. 保持环境卫生				

类别	名称	规格型号	单位	数量	工作者	检查者
工具、量具	标准工具箱		个	1		
	游标卡尺	0～200 mm	件	1		
	测量工件		件	1		
耗材						

工作步骤	工作者	检查者
1. 对照工具、量具清单清点工具、量具		
2. 检查游标卡尺合格证、有效期和件号		
3. 用游标卡尺测量零件宽度和外径		
4. 用游标卡尺测量零件内径		
5. 用游标卡尺测量零件深度		
6. 回答问题：游标卡尺使用注意事项（写出 3 条以上）		

结束工作	工作者	检查者
清理、清点、清洁工具、量具，清扫和整理现场		

任务二　千分尺的认知与使用

【学习任务】

　　本任务主要学习千分尺的使用，学习普通公制千分尺、普通英制千分尺和数显千分尺的使用方法与使用注意事项等基本知识，学会使用千分尺测量零件的尺寸。

【学习目标】

1. 知识目标

（1）了解千分尺的结构；

（2）掌握千分尺的使用方法与注意事项。

2. 能力目标

（1）认识、清点和维护千分尺；

（2）在航空维修工作中正确使用千分尺测量零件的尺寸。

3. 素质目标

（1）养成严谨的航空维修工作作风；

（2）养成按章办事、精益求精的工匠精神；

（3）养成工具三清点的良好工作习惯。

【典型工作任务】

　　航空维修中要测量零件的外径尺寸（要求精确到千分位），工作者该如何正确地选用工具来完成这些工作呢？在测量的过程中，工作者应如何检查、使用和维护选用的量具呢？

【学习内容】

　　千分尺属于精密量具，根据其功能一般可分为外径千分尺（图1-53）、内径千分尺（图1-54）和深度千分尺（图1-55）等。

外径千分尺的使用

图1-53 外径千分尺

图1-54 内径千分尺

图1-55 深度千分尺

■ 一、千分尺结构

千分尺量具多种多样，但其结构和测量原理基本相同，千分尺主要由固定套筒、微分套筒、测量螺杆、棘轮装置、砧座和弓架等组成（图1-56）。千分尺测量零件尺寸都是通过拧转微分套筒，把旋转运动变为测量螺杆的轴线位移来进行的。千分尺的可动部分是微分套筒和测量螺杆，微分套筒和测量螺杆通过一个接头连接在一起，当微分套筒在固定套筒上转动时，测量螺杆随之转动并向左或向右移动。测量螺杆和砧座之间的开度为被测工件的尺寸。

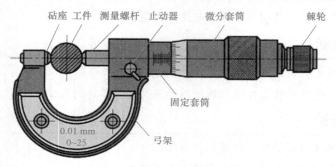
图1-56 千分尺的结构

■ 二、千分尺读数

千分尺有公制和英制之分。千分尺固定套筒上的刻度称为主尺刻度；微分套筒上的刻度称为副尺刻度。

公制千分尺常以毫米为单位，主尺在轴线上下都有刻度线，上下刻度线中间的距离是0.5 mm，同一方向两刻线中间的距离是1 mm，主尺上的数字是毫米数。副尺圆周等分50格，其转动一周在主尺上移动0.5 mm，因此其每小格代表0.01 mm，读数时应先读主尺的数值，然后数副尺上与轴向线相对处刻线是多少格，副尺刻线读数乘以0.01即副尺读数。将主副尺读数相加即被测零件的尺寸。图1-57（a）所示的读数为6.236 mm，图1-57（b）所示的读数为6.694 mm。

(a)   (b)

图1-57 公制千分尺读数
（a）6.236 mm；（b）6.694 mm

英制千分尺常以英寸为单位，主尺在轴向线上的数字是 0.1 in，数字线之间被分为 4 小格，每小格为 0.025 in。副尺圆周等分 25 小格，其转动一圈在主尺上移动一小格（0.025 in），因此副尺每小格为 0.001 in。测量时先读主尺数值，再读副尺上与轴向线相对处刻线格数，将主副尺读数相加即被测件尺寸。图 1-58 所示的读数为 0.363 in。

为了更精确地测量，有些千分尺上带有游标尺。带有游标尺的千分尺是在主尺轴线上方，靠近微分套筒横向排列 11 条（0～0）水平线构成游标尺。游标尺上 10 小格对应副尺上的 9 小格，即将副尺上一小格再等分 10 份，每一小格为 0.001 mm（英制千分尺为 0.000 1 in），读值时应将三部分数据按位相加。图 1-59（a）所示为带有游标尺的公制千分尺读数实例，读数为 6.213 mm；图 1-59（b）所示为带有游标尺的英制千分尺读数实例，读数为 0.160 4 in。

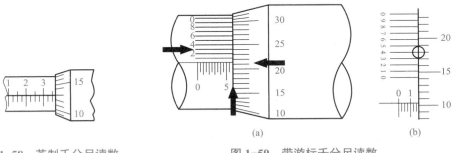

图 1-58　英制千分尺读数　　　　　图 1-59　带游标千分尺读数
（a）6.213 mm；　（b）0.1604 in

■ 三、千分尺使用注意事项

1. 轻拿轻放不碰撞

千分尺是精密测量仪器，使用时应小心谨慎，动作轻缓，不要让它受到打击和碰撞。

2. 旋转用力要有度

（1）粗调旋钮和微调旋钮在转动时都不能过分用力；

（2）当转动粗调旋钮使测微螺杆靠近待测物时，一定要改旋微调旋钮，不能转动粗调旋钮使螺杆压在待测物上；

（3）当测微螺杆与测砧已将待测工件卡住或锁紧装置锁紧时，决不能强行转动粗调旋钮。

3. 测量之前对零位

每次使用前应将测砧和测量螺杆端面擦净，检查千分尺的零位误差，任何细小异物或油膜都会影响千分尺零刻度的对齐。大于 25 mm 或 1 in 的千分尺，测量轴与砧座之间有固定距离，不能相触，因此，使用前要用量具中的标准杆来检查该型千分尺的零位误差。

4. 防止手温引膨胀

为了防止手温使尺架膨胀引起微小的误差，外径千分尺在尺架上一般都装有隔热装置。使用时应手握隔热装置，而尽量少接触尺架的金属部分。

5. 用完清洁和保养

外径千分尺使用完成后，应使用纱布擦拭干净，在测砧与螺杆之间留出一定的间隙，放入盒中。如长期不用要抹上黄油或机油，放置在干燥的地方。注意不要让它接触腐蚀性的气体。

◫◫ 【工作任务的实施】

工卡标题	外径千分尺的使用		工卡编号	1-2-3
工作区域			实训日期	
版本	R0		工时	30 min
任务描述	对照工具、量具清单按要求进行工具、量具的清点和检查，正确检查外径千分尺是否合格，检查外径千分尺的零位误差，掌握外径千分尺的读数方法，用外径千分尺测量零件的外径尺寸，掌握外径千分尺的保管与维护方法、要求。考核结束时，需提交工卡			
注意事项	1. 严格遵守操作规程； 2. 注意安全，严禁违规作业； 3. 保持环境卫生			

类别	名称	规格型号	单位	数量	工作者	检查者
工具、量具	标准工具箱		个	1		
	外径千分尺	0～25 mm	件	1		
	外径千分尺	25～50 mm	件	1		
	测量工件		件	1		
耗材						

工作步骤	工作者	检查者
1. 对照工具、量具清单清点工具、量具		
2. 检查外径千分尺合格证、有效期和件号		
3. 用 0～25 mm 外径千分尺测量零件的外径尺寸		
4. 用 25～50 mm 外径千分尺测量零件的外径尺寸		
5. 回答问题：外径千分尺使用注意事项（写出 3 条以上）		

结束工作	工作者	检查者
清理、清点、清洁工具、量具，清扫和整理现场		

任务三　力矩扳手的认知与使用

【学习任务】

本任务主要学习航空维修中常用的力矩扳手，学习力矩扳手的使用方法和使用注意事项等基本知识及操作技能，让学员能够正确区分、识别常用的力矩扳手，能够正确使用力矩扳手测量拧紧力矩的大小。

【学习目标】

1. 知识目标

（1）熟悉常用力矩扳手的名称与功用；

（2）熟悉常用力矩扳手的使用方法与注意事项。

2. 能力目标

（1）认识各种力矩扳手；

（2）在航空维修工作中正确选用力矩扳手；

（3）使用力矩扳手测量拧紧力矩的大小。

3. 素质目标

（1）养成严谨的航空维修工作作风；

（2）养成按章办事、精益求精的工匠精神；

（3）养成工具三清点的良好工作习惯。

【典型工作任务】

对照工具清单按要求进行工具的清点和检查，正确地选用指针式力矩扳手、刚性梁扭力杆式力矩扳手和预置式力矩扳手等对紧固件与管路打力矩；能够正确地检查、使用和维护各种力矩扳手；掌握力矩扳手使用的方法和使用时的注意事项。

【学习内容】

力矩扳手是一种常用的带有力矩测量功能的专用工具。它可测量作用在紧固件上的扭力大小。力矩值等于转动紧固件力的大小乘以紧固件与施力点之间的距离。维修中常用力矩单位有英寸·磅（in·lb[①]）、英尺·磅（ft[②]·lb）、米·牛顿（m·N）。

① 1 lb ≈ 0.454 kg。

② 1 ft ≈ 0.304 8 m。

力矩工具按其工作原理分为测力矩式和定力矩式。维修中常用的力矩扳手有可弯梁式、预置式和扭力杆式三种类型。

■ 一、可弯梁式力矩扳手

可弯梁式力矩扳手也称为指针式力矩扳手。它是最简单直观且较为精确的力矩扳手。套筒安装于连接端，扭力头上固定一指针，在扳杆梁靠近手柄处有指示刻度盘。当力矩作用于手柄时，梁弯曲变形，指针不弯曲，从而在刻度盘上指示出力矩的数值（图1-60）。可弯梁式力矩扳手属于测力式力矩扳手。

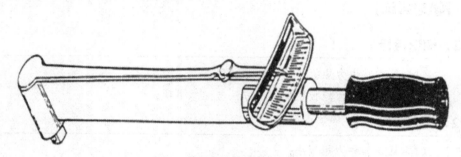

图1-60 可弯梁（指针）式力矩扳手

■ 二、预置式力矩扳手

预置式力矩扳手也称肘节式力矩扳手，属于定力式力矩扳手（图1-61）。使用时需要预先设定好力矩值，当力矩达到预定值时，便会发出响声及震感，表示已达到预定力矩值。其工作原理是内部有一肘节块，通过旋转手柄套筒改变手柄内弹簧对杆的作用力，当扭力头力矩达到预定力矩值时，肘节块摆动使滑动块滑动发出响声及震感。

力矩扳手的使用

使用力矩扳手时应注意均匀缓慢施力，当发出响声和震感后，停止施力，如若继续施力板头仍可旋转，会造成力矩值施加超过标准。

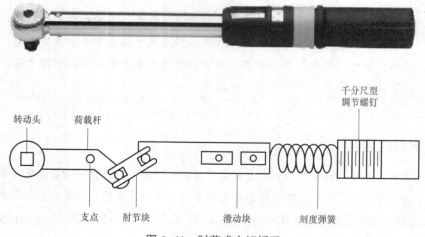

千分尺型
调节螺钉

转动头　　荷载杆

支点　　肘节块　　　　滑动块　　　刻度弹簧

图1-61 肘节式力矩扳手

三、扭力杆式力矩扳手

扭力杆式力矩扳手也称表盘式力矩扳手（图 1-62），属于测力式力矩扳手。当扭力作用于工具内部的扭力轴上时，它将使扭力臂偏转，通过在力矩表连接端处安装的齿条，带动指针转动，显示出力矩的大小。

图 1-62　扭力杆式力矩扳手

四、力矩扳手的使用注意事项

（1）注意正确的握持方法，否则将会出现错误指示。正确的握持：手掌中部指线必须与力矩扳杆手柄上的中心线（点）对正，此时的力矩值才是正确值。

（2）力矩扳手必须定期校验以保证精度。使用力矩扳手前，应检查扳手有无损坏，如果指针弯曲、指示表玻璃损坏或反应迟钝不稳定，应送交校验部门。

（3）使用力矩工具应均匀缓慢施力，不允许采用冲击或快速加力的方式。

（4）如果偶尔将紧固件的力矩加大了，必须松开重新上紧，不允许采用拧松到规定力矩的方法，更不能保持不变。

（5）在拧动特殊的紧固件时，有时必须采用在扳头前部加接延长杆方式拧到规定的力矩值。当加接延长杆后，扳手上的力矩值必须换算为加长力臂后的值（图 1-63）。

例如：$L = 10 \text{ in}$，$E = 3 \text{ in}$，$T = 130 \text{ in} \cdot \text{ib}$

$$R = \frac{L \times T}{L + E}$$

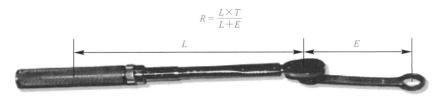

图 1-63　力矩扳手加接延长杆

工卡标题	力矩扳手的检查与使用		工卡编号		1-2-4
工作区域			实训日期		
版本	R0		工时		30 min
任务描述	对照工具清单按要求进行工具的清点和检查，正确地选用指针式力矩扳手、刚性梁扭力杆式力矩扳手和预置式力矩扳手等对紧固件与管路加力矩；能够正确地检查、使用和维护各种力矩扳手；掌握力矩扳手使用的方法和使用时的注意事项。考核结束时，需提交工卡				
注意事项	1. 严格遵守操作规程； 2. 注意安全，严禁违规作业； 3. 保持环境卫生				
类别	名称	规格型号	单位	数量	工作者	检查者
工具、量具	标准工具箱		个	1		
	指针式力矩扳手		把	1		
	扭力杆式力矩扳手		把	1		
	预置式力矩扳手		把	1		
耗材						

工作步骤	工作者	检查者
1. 对照工具清单清点工具		
2. 用指针式力矩扳手对指定紧固件加 20 N·m 的力矩		
3. 用扭力杆式力矩扳手对指定紧固件加 20 N·m 的力矩		
4. 用预置式力矩扳手对指定管路加 20 N·m 的力矩		
5. 回答问题：力矩扳手使用时的注意事项（写出 3 条以上）		
结束工作	工作者	检查者
清理、清点、清洁工具，清扫和整理现场		

任务四　其他量具的认知与使用

【学习任务】

　　本任务主要学习航空维修中除游标卡尺、千分尺和力矩扳手外的其他量具，学习其他量具的使用方法和使用注意事项等基本知识及操作技能，让学员能够正确区分、识别航空维修中的各种量具，能够正确使用这些量具进行相关的测量工作。

【学习目标】

1．知识目标

　　（1）熟悉各种量具的名称与功用；
　　（2）熟悉各种量具的使用方法与注意事项。

2．能力目标

　　（1）认识各种量具；
　　（2）在航空维修工作中正确选用各种量具；
　　（3）正确使用量具进行相关的测量工作。

3．素质目标

　　（1）养成严谨的航空维修工作作风；
　　（2）养成按章办事、精益求精的工匠精神；
　　（3）养成工具三清点的良好工作习惯。

【典型工作任务】

　　零件的平行度、垂直度等形位公差的测量，零件内径尺寸测量，零件间隙等参数的测量等。

【学习内容】

　　航空维修的过程中除用到游标卡尺、千分尺和力矩扳手外，还有可能用到一些其他的量具，如百分表、塞尺、螺距规和极限量规等。

一、仪表式量具及其使用

（一）百分表（千分表）

仪表式量具有百分表和千分表等，它在使用中需要安装在表架上。百分表和千分表是一种精度较高的比较量具，它只能测出相对数值，不能测出绝对数值，主要用于测量平行度、垂直度和圆柱度等形状与位置误差，也可用于机床上安装工件时的精密找正。

百分表的结构原理如图1-64所示。当测量杆1向上或向下移动1 mm时，通过齿轮传动系统带动大指针5转一圈，小指针7转一格。小指针用以指示大指针的回转圈数。测量时指针读数的变动量即尺寸变化量。刻度盘可以转动，以便测量时大指针对准零刻线。

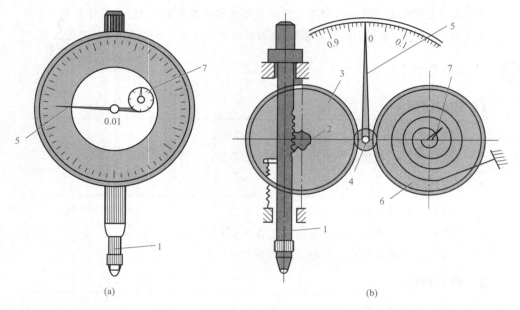

(a)   (b)

图1-64 百分表

（a）百分表；（b）传动原理

1—测量杆；2—扇形齿轮；3—表盘；4—齿轮；5—指针；6—板簧；7—转数指针

常用公制百分表的最小读数是0.01 mm。表盘圆周分100格，大指针转动一圈（100格）为1 mm，每小格代表0.01 mm。小指针记录大指针旋转圈数，大指针转一圈，小指针转一格，即1 mm。

常用英制百分表的最小读数是0.001 in。表盘圆周分100格，大指针转动一圈（100格）为0.1 in，每小格代表0.001 in。小指针记录大指针旋转圈数，大指针转一圈，小指针转一格，即0.1 in。

百分表的读数方法：先读小指针转过的刻度线，再读大指针转过的刻度线，并乘以0.01（英制百分表乘以0.001），然后两者相加，即得到所测量的数值。

使用百分表和千分表时要注意以下几点：

（1）使用前，应检查测量杆活动的灵活性。即轻轻推动测量杆时，测量杆在套筒内的移动要灵活，没有卡滞现象，每次手松开后，指针能回到原来的刻度位置。

（2）使用时百分表常安装在可靠的表架上使用，如图1-65所示。切不可随便夹在不稳固的地方，容易造成测量结果不准确，或摔坏百分表。

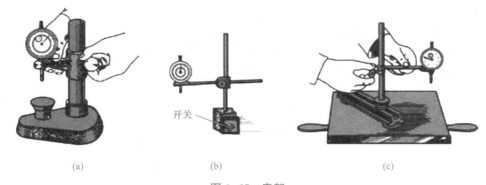

图 1-65　表架

（a）万能表架；（b）磁性表架；（c）普通表架

（3）测量时，测量头与被测表面接触并使测量头向表内压缩 1 ～ 2 mm，然后转动表盘，使指针对正零线，再将表杆上下提几次，待表针稳定后再进行测量（图 1-66）。测量时不要使测量杆的行程超过它的测量范围，不要使表头突然撞到工件上，也不要用百分表测量表面粗糙度较大或显著凹凸不平的工件。

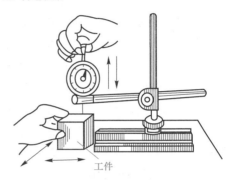

图 1-66　百分表的使用

（4）测量平面时，百分表的测量杆要与平面垂直，测量圆柱形工件时，测量杆要与工件的中心线垂直，否则将使测量杆活动不灵活或测量结果不准确。

（5）测量杆上不要加油，油液进入表面会形成污垢，而影响表的灵敏度。

（6）要轻拿轻放，尽量减少振动，以防止某一种物体撞击测量杆。

（7）百分表不用时，应使测量杆处于自由状态，以免使表内弹簧失效。

（二）内径量表

内径量表是一种借助百分表作为读数机构，配备杠杆传动系统或楔形传动系统的量具，如图 1-67 所示。内径量表是将测头的直线位移变为指针的角位移的计量器具，用于测量或检验零件的内孔、深孔直径。

测量头的移动可以通过杠杆系统传给指示表，内径指示表的两测头放入被测孔径，位于被测孔径的直径方向上，这可由定位装置来保证。定位装置借助弹簧力始终与被测孔径接触，其接触点的连线和直径是垂直的。

内径量表测量零件的内径尺寸（10 mm 以内）

内径量表测量零件的内径尺寸（10 mm 以上）

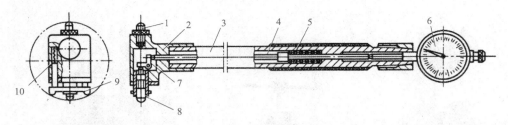

图 1-67　内径百分表

1—固定测头；2—主体；3—表杆；4—活动杆；5—回位弹簧；
6—百分表；7—杠杆；8—活动测头；9—保护套；10—活动套

测量步骤如下：

（1）选择校对环规或外径千分尺用棉丝或软布把固定测头擦净。

（2）用手压几下活动测头，百分表指针移动应平稳、灵活、无卡滞现象。然后对零，一只手压活动测头，另一只手握住手柄，将测头放入对好尺寸的外径千分尺，使固定测头不动。在轴向平面左右摆动内径表架，找出最小读数。

（3）转动百分表刻度盘，对好零位后，把内径百分表取出。

（4）对好零位后的百分表，不要松动夹紧手柄，以防零位发生变化。

（5）测量时一只手握住上端手柄，另一只手握住下端活动测头，倾斜一个角度，把测头放入被测孔，然后握住上端手柄，左右摆动表架，找出表的最小读数值；该点的读数值就是被测孔径与环规孔径之差。

1）根据被测孔径的大小正确选择测头，将测头装入测杆的螺孔。

2）按被测孔径的基本尺寸选择量块，擦净后组合用于量块夹。

3）将测头放入量块夹并轻轻摆动，按图 1-68（a）所示的方法在指示表指针的最小值处，将指示表调零（指针转折点位置）。

4）按图 1-68（b）所示的方法测量孔径，在指示表指针的最小值处读数。

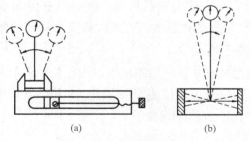

（a）　　　　　　　　　（b）

图 1-68　内径指示表找转折点

（a）调零；（b）测量孔径

（三）内卡规

内卡规是一种小量程测量表，如图 1-69 所示。使用时，将仪表侧边的手柄压下，两个测爪收缩到最小，并将其放入测量部位，松开手柄，测爪外张，此时读取表盘数据即被测内孔尺寸。

内卡规使用前，需选择正确量程，并将测量爪放入其配套的内孔规中检查是否与仪表起点一致。

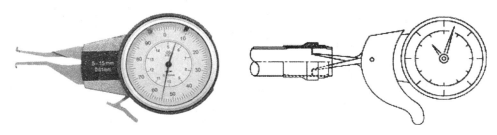

图 1-69　内卡规

（四）塞尺

塞尺是由不同厚度的薄钢片组成的量具，如图 1-70 所示，它用于测量结合面间的间隙。

塞尺的长度有 50 mm、100 mm、200 mm 等几种。厚度为 0.03 ～ 0.1 mm 的，中间每片相隔 0.01 mm；厚度为 0.1 ～ 1 mm 的，中间每片相隔 0.05 mm。

使用时，根据零件间隙的大小，选出一片或数片，一般不超过 3 片，插入间隙，以钢片在间隙中既能活动，又使钢片两面稍有摩擦为宜，从钢片上标注的数值，即可得知间隙的大小。

（五）螺距规

螺距规是用来测量螺距的螺纹样板。它由一套不同螺距的牙型角做得相当准确的钢片组成，如图 1-71 所示。使用时将样板逐一靠在所测量的螺纹上，在牙型最吻合的一块样板上所读出的数值，即被测螺纹的螺距。

螺距规有公制和英制两种，公制螺距规在夹框上注有 "60" 字样，螺纹样板上注有螺距数字；英制螺距规夹框上，注有 "55" 字样，螺纹样板上注有直径和每扣牙数。

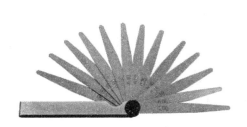

图 1-70　塞尺

图 1-71　螺距规

（六）极限量规

极限量规是一种没有专门刻度的专用检验工具，它不能确定被检验零件的实测尺寸数值，而只能确定零件合格与否，即只能确定零件尺寸是否在规定的极限尺寸范围内。为此，检验某种尺寸要求的量规都必须有一个 "通规" 和一个 "止规"，以便分别用来控制零件的两个极限尺寸。

测量光滑孔或轴用的量规叫作光滑量规。它是一种专用量具，结构简单，使用方便，测量可靠。光滑量规根据用于测量内外尺寸的不同，分为卡规和塞规两种。

1．卡规

卡规用来测量圆柱形、长方形、多边形等工件尺寸。卡规的 "通规" 用来控制轴的最大极限尺寸，其基本尺寸应按轴的最大极限尺寸制造；"止规"则用来控制轴的最小极限尺寸，其基本尺寸应按轴的最小极限尺寸制造，如图1-72所示。

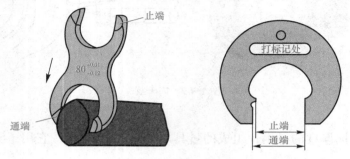

图1-72 卡规

2. 塞规

塞规是用来测量工件的孔、槽等尺寸的。常用的塞规形式如图1-73所示。

图1-73 塞规

塞规的"通规"用来控制孔的最小极限尺寸，其基本尺寸应按孔的最小极限尺寸制造；"止规"则用来控制孔的最大极限尺寸，其基本尺寸应按孔的最大极限尺寸制造。

3. 螺纹量规

螺纹量规是用来综合检验螺纹几何参数的综合性量具，测量方便、准确。检验内螺纹用螺纹塞规，检验外螺纹用螺纹环规。螺纹量规有通规和止规，如图1-74所示。

图1-74 螺纹量规

螺纹量规的通规用来检验螺纹的作用中径，兼带控制螺纹底纹。通规螺纹按工作螺纹的最大实体牙型的尺寸制造，具有完整牙侧，长度等于旋合长度。

螺纹量规的止规只用来检验螺纹的实际中径。为了消除螺距误差和牙型半角误差的影响，止规的螺纹长度只有2～3.5圈，并且牙侧截短。因此，只有牙侧一段中径按工作螺纹的最小实际尺寸制造。

用螺纹量规检验工作螺纹时，若量规的"通规"能全部通过或旋合被测量螺纹，而"止规"拧入工件螺纹不超过2圈，就评定工件合格。若通规不能通过，则说明在被测处还有加工余量；如果用止端测量，若止端能顺利通过，则说明加工过量，被加工工件已成废品。

工卡标题	其他量具的选择与使用		工卡编号		1-2-5
工作区域			实训日期		
版本	R0		工时		60 min
任务描述	对照量具清单按要求进行量具的清点和检查，正确地选用百分表、内卡规、塞尺和螺距规等测量零件的尺寸、间隙或形位公差。考核结束时，需提交工卡				
注意事项	1. 严格遵守操作规程； 2. 注意安全，严禁违规作业； 3. 保持好环境卫生				
类别	名称	规格型号	单位	数量	工作者	检查者
---	---	---	---	---	---	---
工具、量具	标准工具箱		个	1		
	百分表		件	1		
	磁性表座		件	1		
	内卡规		件	1		
	塞尺		件	1		
	螺距规		件	1		
耗材						

工作步骤	工作者	检查者
1. 对照量具清单清点量具		
2. 用百分表测量零件的平行度		
3. 用内卡规测量零件的内径		
4. 用塞尺测量零件间的间隙		
5. 用螺距规检查螺栓的螺距		
结束工作	工作者	检查者
清点、检查和维护工具，清扫和整理现场		

项目三　工具、量具的使用与保管

【学习任务】

本项目通过学习工具、量具的使用与保管方面的方法、要求和注意事项等基本知识，完成工具、量具的认知、清点与检查等实训任务，让学员能够正确识别、清点、使用和维护工具、量具。

【学习目标】

1. 知识目标

（1）熟悉工具、量具保管的方法、要求和注意事项；

（2）熟悉工具、量具使用的方法、要求和注意事项；

（3）熟悉工具、量具维护的方法、要求和注意事项；

（4）掌握工具的三清点和三不放。

2. 能力目标

（1）正确保管工具、量具；

（2）正确使用工具、量具；

（3）正确维护工具、量具；

（4）正确清点工具、量具。

3. 素质目标

（1）养成严谨的航空维修工作作风；

（2）养成按章办事、精益求精的工匠精神；

（3）养成工具三清点的良好工作习惯；

（4）养成爱岗敬业的职业精神。

【典型工作任务】

正确清点、使用和维护工具，正确使用和维护游标卡尺、千分尺和力矩扳手等量具。

【学习内容】

在航空维修的工作过程中，必须时刻注意工具、量具的保管、使用和维护。工具、量具保管、使用和维护的主要目的是要保证维修工作中的工具、量具时刻处于良好的可用状态及具有可追溯性。良好的可用状态是指用于维修工作的工具、量具必须是能正常使用的，量具必须在有效的校验日期内且能工作正常。可追溯性是指工具、量具从入库、领用、借用、送检、报废和使用等各环节，都必须通过各类台账或清单随时能监控到工具、量具所处的位置、使用的情况等。正确地使用、保管和维护各类工具、量具，能够确保维修质量、提高工作效率、保证飞行安全和人员安全。

在航空维修的工作过程中，工具、量具的保管、使用和维护主要应注意以下几点。

1．做标记，建清单，分别保管

（1）所有的工具、量具都要做明显的标记，以免维修部门之间的工具、量具相混。

（2）工具、量具应专人管理，建立分类保管制度。所有工具、量具应登记设立清单。工具、量具有所增减变动时，应在清单上及时登记注明。未经登记的工具、量具，严禁在飞机上使用。

（3）常用与不常用工具、量具，要分开并指定专人保管；不常用、待检或报废的工具、量具应存放在单独的区域，并做明显标识。工具、量具在使用过程中，应严格履行借用手续。

2．勤清点，不乱放，严防丢失

（1）工具、量具在使用过程中，要坚持三清点，即开始工作前要清点，工作场所转移前后要清点，工作结束后要清点；

（2）要坚持三不放：不随地乱放，不随意将工具、量具放在飞机上、发动机上或短舱内，不随便把工具、量具放在衣袋或带出工作场所；

（3）发现工具、量具丢失，要及时报告、认真查找。当不能确认工具、量具是否丢失在飞机上时，禁止飞机放行。

3．不乱用，不抛掷，防止损坏

（1）工具、量具应按用途使用，不得随意互相代用。可参照工具、量具生产厂家的产品使用说明书中的要求施工。

（2）工具、量具使用中不得抛掷或随意敲打，预防损坏，避免减少工具、量具的使用寿命。

（3）量具在使用时不要用力过猛、过大，使用完毕后应即时放置在专用的存储盒内。

4．常擦拭，防锈蚀，定期检查

（1）工作结束或风沙雨雪之后，应将工具、量具擦拭干净；

（2）适时对工具、量具涂油保养；

（3）定期检查量具上的校验标签是否在有效的日期范围内。量具须进行定期校验，确保精确度。不常用的工具、量具要定期进行涂油保养和检查，防止锈蚀和丢失。

工卡标题	常用工具的清点、检查与维护		工卡编号	1-3
工作区域			实训日期	
版本	R0		工时	60 min
任务描述	对照工具清单按要求进行工具的清点，检查工具的型号、规格是否符合要求，检查工具是否能正常使用，对工具进行日常的维护和保养工作。考核结束时，需提交工卡			
注意事项	1．严格遵守操作规程； 2．注意安全，严禁违规作业			

工量具 / 设备 / 材料						
类别	名称	规格型号	单位	数量	工作者	检查者
工具、量具	标准工具箱		个	1		
	套筒扳手	32 件套	套	1		

工作步骤	工作者	检查者
1．对照工具清单清点出所有工具		
2．检查工具型号规格的符合性（列出不符合的工具）		
3．检查工具存在的问题（列出有问题的工具）		
4．检查套筒扳手（写出存在问题）		
5．回答问题：工具的日常维护、保养和使用注意事项（写出 5 条以上）		
6．回答问题：工具的三清点		
7．回答问题：工具的三不放		

结束工作	工作者	检查者
清点、检查和维护工具，清扫和整理现场		

航空紧固件拆装与保险

【学习内容】

大家都知道航空器是由名目繁多的小元件组成的，而紧固件的作用就是将这些小元件连接在一起组成一个完整的机体，并在承受荷载时，在零件之间传递荷载、协调变形。因此，航空紧固件的正确选用和合理使用，是保证航空器的连接强度、正常工作和安全高效地运行的必要条件。

本模块主要介绍航空维修过程中航空紧固件拆装与保险正确操作方法、注意事项等内容。

【学习目标】

1．知识目标

（1）熟悉航空紧固件的类型和作用；

（2）熟悉航空紧固件拆装工具的使用；

（3）熟悉紧固件的一般拆装方法与注意事项；

（4）熟悉紧固件的特殊拆装方法与注意事项；

（5）熟悉摩擦类保险的种类和施工方法；

（6）熟悉机械类保险的种类和施工方法。

2．能力目标

（1）具备识别航空紧固件类型的能力；

（2）具备使用拆装航空紧固件工具的能力；

（3）具备识别航空紧固件保险类型的能力；

（4）掌握拆装航空紧固件技巧；

（5）掌握拆装航空紧固件保险技巧。

3．素质目标

（1）能从实际出发，确立正确的职业理想，具有良好的职业心态；

（2）树立良好的职业道德，养成严谨细致、诚实守信、吃苦耐劳、遵规守纪的职业习惯和职业素养；

（3）建立健康的人际关系，兼有竞争意识、创新意识和团队协作精神；

（4）拥有健康的体魄和心理品格，敢于面对困难和挑战，能经得起挫折和失败的考验；

（5）养成严谨的航空维修工作作风；

（6）养成良好的工作习惯。

项目一　航空紧固件的认知

【学习任务】

　　紧固件是将两个或两个以上的零件或构件紧固连接成为一件整体时所采用的机械零件。它的特点是品种规格繁多、性能用途各异而且标准化、系列化、通用化的程度极高。紧固件是应用最广泛的机械基础件。在飞行器、车辆、船舶、仪器和仪表等上面，我们都可以看到各式各样的紧固件。

【学习目标】

1. 知识目标

　　（1）熟悉航空紧固件的名称与功用；

　　（2）熟悉航空紧固件的标准；

　　（3）熟悉航空紧固件的螺纹等级。

2. 能力目标

　　（1）认识航空紧固件的类型；

　　（2）在航空维修工作中正确使用航空紧固件。

3. 素质目标

　　（1）养成严谨的航空维修工作作风；

　　（2）养成良好的工作习惯。

【学习内容】

■ 一、紧固件概述

　　紧固件在机械零件的安装中起固定和连接作用。紧固件可分为可拆卸紧固件和不可拆卸紧固件两类。

　　（1）螺纹紧固件（可拆卸紧固件）是指不破坏一个或几个紧固件单元就可以拆卸的紧固件，如螺栓、螺钉、螺母、垫片等。多数螺纹紧固件拆下后可以重复使用。螺纹紧固件拧紧后，靠螺纹与螺牙之间的摩擦力保持在拧紧状态。

　　（2）不可拆卸的紧固件是指紧固件若拆卸则被破坏，不能重复使用，如锚固螺栓、铆钉都属于这一类。

■ 二、航空紧固件标准

　　紧固件可以被称为标准件，目前在航空制造领域，有航空紧固件制造商和飞机制造商的企业标准，也有标准组织或政府制定的紧固件标准。负责标准内容和修订活动的组织称为"监管人"。波音是所有波音起源标准的监管人。D-590文件中包含波音OEM标准和许多标准制定组织（SDO）制定的标准。这些非波音公司的SDO组织是联邦、工业或军事组织（简称FIM组织），这些标准由波音公司拥有的FIM标准增补文件进行管理并用于产品安全数据表（PSDS）。

（1）以下列出了航空航天FIM标准的示例：

AN：Air Force–Navy Aeronautical Standard　　　　　　　美国空海军标准

AND：Air Force–Navy Aeronautical Design Standard

　　　　　　　　　　　　　　　　　　　　　　　美国空海军航空学设计标准

AS：Aerospace Standard（Society of Automotive Engineers，SAE）

　　　　　　　　　　　　　　　　　　　　　　　美国航空标准

ARP：Aerospace Recommended Practice（SAE）　　　宇航推荐惯例

FED–STD–YYYY：Federal Standard　　　　　　　　　美国联邦标准

MIL–X–YYYY：Military Specification　　　　　　　　美国军用规范

MS：Military Standard　　　　　　　　　　　　　　美国军用标准

NAS：National Aerospace Standard　　　　　　　　　美国国家航空标准

NASM：National Aerospace Standard Military　　　　　美国国家航空军用标准

（2）波音公司企业标准，即BAC标准，在波音商用飞机上，越来越多地采用波音公司企业标准（BAC标准），即使采用了其他标准，一般都可以在波音标准里面找到等效件或者替代件。

有时，我们也会接触到供应商标准件的件号，这些件号一般都是来自OEM的文件，如CMM。由于波音不能有效地控制供应商的零件标准的变化，在波音的工程体系里面，优先使用BAC标准件或SDO标准件。最后才是供应商标准件。所有采用波音企业标准的标准件都是以BAC开头，紧跟着是标准件名称的第一个字母，例如，字母B可能代表螺栓（Bolt）或轴承（Bearing），名称首字母后面的两位数字代表不同的种类，如B30代表螺栓，B10代表轴承等。下面列出了一些我们经常接触到的BAC标准件：

BACR15——Rivet（铆钉）　　　　　　BACS12——Screw（螺钉）

BACB30——Bolt（螺栓）　　　　　　　BACN10——Nut（螺母）

BACJ40——Jumper（搭地线）　　　　　BACR13——Relay（继电器）

BACW10——Washer（垫片）　　　　　BACB10——Bearing（轴承）

■ 三、航空紧固件螺纹等级

螺纹的等级表示螺纹副具有的配合松紧程度，等级数越大，螺纹副配合的紧度越紧。它有以下5级：

1级——松配合，只需用手指即可轻松拧转螺母；

2级——自由配合，航空螺钉采用；

3级——中度配合，大多数航空螺栓采用；

4、5 级——紧配合，需要用扳手才能拧紧螺母。

航空螺栓绝大多数按 3 级配合，航空螺钉按 2 级配合。螺栓、螺母的螺纹有正反之分。

航空螺栓、螺钉、螺母的常用螺纹：

NC 系列——American National Coarse 美国国家标准粗螺纹；

NF 系列——American National Fine 美国国家标准细螺纹；

UNC 系列——Universal National Coarse 美国统一标准粗螺纹；

UNF 系列——Universal National Fine 美国统一标准细螺纹。

波音飞机的大多数螺纹紧固件，采用螺纹 UNF 系列螺纹。规格以直径和螺牙数来表达，如螺纹规格 4-28 表示：螺纹直径 1/4 in，每英寸的螺牙数为 28 牙。

任务一　航空铆钉的认知

【学习任务】

本任务通过学习铆钉的参数，包括头型、材料、尺寸和热处理状态等基本知识，让学员能够正确区分、识别和清点常用的航空铆钉，能够正确选用航空铆钉进行相关维修工作。通过铆钉的检查，了解铆接缺陷产生的原因和预防方法。

【学习目标】

1. 知识目标

（1）熟悉铆钉的类型及使用材料；

（2）熟悉铆钉的损伤及检查；

（3）熟悉铆接缺陷产生的原因和预防方法。

2. 能力目标

（1）认识各种铆钉；

（2）在航空维修工作中正确选用铆钉；

（3）正确选用铆钉进行相关维修工作。

3. 素质目标

（1）养成严谨的航空维修工作作风；

（2）养成良好的工作习惯。

【学习内容】

航空领域最初使用金属蒙皮时就用实心铆钉连接。直到今天，实心铆钉还是最常用的连接铆钉。实心铆钉在铆接时铆杆会变粗并紧贴铆孔。实心铆钉承载剪切力，因此钻孔的质量和配合会直接影响铆钉的质量。铆钉的参数包括头型、材料、尺寸和热处理状态。

一、铆钉类型

实心铆钉通常分为以下两种标准头型：

（1）通用头型 Universal（代码 470）。主要使用的区域是不考虑气流影响的区域。

（2）埋头型 Counter Sunk 长度（代码 426）。主要使用在气动敏感区域，如机翼前缘。

通用头型铆钉（AN470）的长度是指铆钉头底部至铆钉杆端头的距离；埋头型铆钉（AN426）的长度是指铆钉头顶部至铆钉杆端头的距离，如图 2-1 所示。

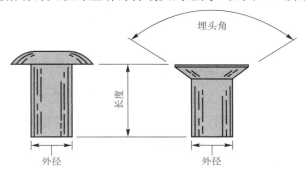

图 2-1　通用头和埋头铆钉的尺寸长度

二、铆钉代码

铆钉按尺寸、铆钉头的头型、制作材料分为不同的型号，主要有美国空海军（AN）和美国军标（MS20）两个型号体系，如图 2-2 所示。

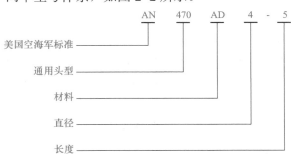

图 2-2　铆钉的牌号表示头型、材料、长度和直径

三、铆钉的材料

1. 铝合金铆钉

大多数的铆钉都是铝制的，有以下两种识别铆钉的方法：

（1）按铆钉代码中的字母识别实心铆钉所用的铝合金牌号，如图 2-2 所示。

（2）铆钉头上制有标记以识别实心铆钉所用的铝合金牌号，如图 2-3 所示。

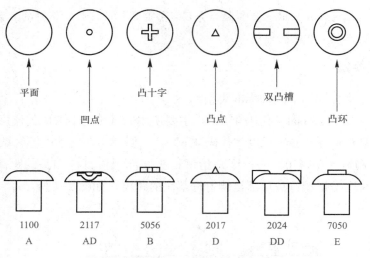

平面　　凹点　　凸十字　　凸点　　双凸槽　　凸环

1100　　2117　　5056　　2017　　2024　　7050
A　　AD　　B　　D　　DD　　E

图 2-3　航空铆钉的识别

1）1100 系列纯铝铆钉：1100 Aluminum（A）。纯铝铆钉的铆钉头上无记号，在铆钉牌号上用字母"A"表示。纯铝铆钉只能用于非结构件上，如整流板、内饰件的铆接。

2）2117 系列铆钉：2117 Aluminum Alloy（AD）。2117 系列铝铆钉是使用最广泛的航空铆钉。2117 铆钉头中心处有凹圆槽标记，在铆钉牌号上用字母"AD"表示。2117 铝铆钉强度高并具有较强的抗腐蚀性，施工前无须热处理的优点，因而使用广泛，又被称为"外场铆钉"。

3）5056 系列铝镁铆钉：5056 Aluminum Alloy（B）。如果铆接镁合金构件时使用铝铆钉，两种金属会发生电化腐蚀。所以，铆接镁合金构件必须使用 5056 系列铝镁铆钉。它由含 5% 镁的铝镁合金制成。5056 铆钉头中心处有凸的十字记号，在铆钉牌号上用字母"B"表示。5056H32 铆钉最大剪切强度 28 000 lb/in²。

4）2017 系列铆钉：2017 Aluminum Alloy（D）。2017 系列铆钉非常硬，铆钉头中心处有凸圆标记，在铆钉牌号上用字母"D"表示。用于铆接高强度的铝合金构件。因为铆钉很"脆"，受拉后铆钉容易断裂。使用前需要退火处理并置于冰箱里，使用时从冰箱里拿出并在规定的时间内上铆，否则铆钉就会因为变硬而无法使用。变硬后如果要使用必须再次进行退火，使金属重新变软才能铆接。没有损伤的铆钉可以多次退火。

5）2024 系列铆钉：2024 Aluminum Alloy（DD）。2024 系列铆钉头上有双凸槽标记，在铆钉牌号上用字母"DD"表示。2024 系列铆钉和 2017 系列铆钉被称为冰箱铆钉。变硬后不能再次退火。常用的牌号为 2024T31。

6）7050T73 系列铆钉：7050T73Aluminum Alloy（E）。在波音 767 制造中，7050T73 铆钉取代了 2024T31 铆钉。铆钉头上有凸环状标记，在铆钉牌号上用字母"E"表示。铆钉成分中含有锌，使用了热处理（退火）工艺。

2. 不锈钢铆钉

不锈钢铆钉用来铆接不锈钢部件，如防火隔墙、排气口内壁。不锈钢铆钉头上没有标记。

3．蒙耐尔铆钉

蒙耐尔铆钉头上有双凹点标记，用"M"表示。有时铆钉可代替不锈钢铆钉使用。

■ 四、铆钉损伤及检查

1．铆钉铆接前检查

铆钉上铆之前，露出叠加部分的杆长至少为铆钉杆直径的 1.5 倍。铆接以后，镦头的厚度至少为铆钉杆直径的一半，直径为铆钉杆直径的 1.5 倍，如图 2-4 所示。

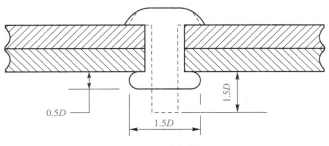

图 2-4　铆钉镦头

在飞机结构振动环境严重或气动吸力高的部位，铆钉会承受交变拉应力的作用。因此，在这些部位的铆钉容易产生疲劳破坏。受损伤铆钉的最明显特征是铆钉在孔中发生松动现象。

2．铆钉的检查

根据以下特征确认铆钉是否松动：

（1）当压动铆钉头旁边的蒙皮时，蒙皮离开铆钉头并形成肉眼可见的间隙，说明铆钉已经松动。

（2）铆钉松动之后，铆钉头与埋头窝之间将因摩擦而产生金属粉末，这种粉末与污浊物附在铆钉头与钉孔之间的缝隙而呈现黑圈。因此，检查飞机时，如发现铆钉周围有黑圈，说明铆钉已松动。

（3）在机身密封舱部位上的铆钉，如果铆钉头的背向气流的一边形成黑色尾迹，说明铆钉已松动，同时，也表明蒙皮内表面可能产生了腐蚀。

（4）铆钉头已经凸出构件表面，或者发生卷边翘起现象，则说明铆钉松动已经很严重。

（5）铆钉头周围的油漆层出现碎裂或裂纹，说明铆钉有可能错动或松动。

（6）一般情况下，钉头倾斜或铆钉松动将成群地出现，并且钉头多半向同一方向倾斜。为了防止铆钉松动，在修理中应保证铆接质量合乎要求，在维护中要经常注意检查。对于松动的铆钉，应及时按规格更换，不允许把原铆钉重新打紧。因为对已经产生变形的铆钉进行敲打，不仅难以达到使钉杆良好填充铆钉的目的，而且会加速损坏。

任务二　螺纹紧固件的认知

【学习任务】

　　本任务主要学习航空维修中常用的螺纹紧固件的名称、功用、使用方法和使用注意事项等基本知识及操作技能，让学员能够正确区分、识别常用的螺纹紧固件，能够正确选用螺纹紧固件进行相关维修工作。

【学习目标】

1. 知识目标

　　（1）熟悉常用螺纹紧固件的名称与功用；
　　（2）熟悉常用螺纹紧固件的使用方法与注意事项。

2. 能力目标

　　（1）认识各种螺纹紧固件；
　　（2）在航空维修工作中正确选用螺纹紧固件；
　　（3）使用螺纹紧固件进行相关维修工作。

3. 素质目标

　　（1）养成严谨的航空维修工作作风；
　　（2）养成良好的工作习惯。

【学习内容】

　　常用的航空紧固件有航空螺栓、航空螺钉、航空螺母、销钉、垫圈和转角拧紧式紧固件等。

一、航空螺栓的认知

（一）螺栓的型号编码

　　螺栓的零件编号是区分不同类螺栓的最主要的依据。一般螺栓件号中主要包括系列标准代号、制作材料、螺栓直径、螺栓长度等内容。

　　BAC（波音标准）系列如图 2-5 所示。

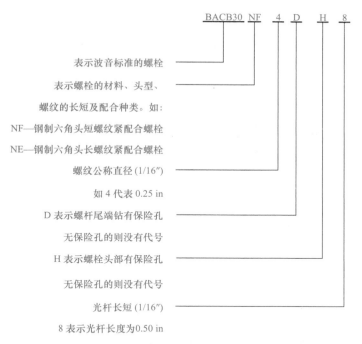

BACB30 NF 4 D H 8

表示波音标准的螺栓

表示螺栓的材料、头型、

螺纹的长短及配合种类。如：

NF—钢制六角头短螺纹紧配合螺栓

NE—钢制六角头长螺纹紧配合螺栓

螺纹公称直径(1/16″)

如 4 代表 0.25 in

D 表示螺杆尾端钻有保险孔

无保险孔的则没有代号

H 表示螺栓头部有保险孔

无保险孔的则没有代号

光杆长短(1/16″)

8 表示光杆长度为0.50 in

图 2-5　波音螺栓的牌号表示材料、头型、长度和直径

（二）航空螺栓的分类

航空螺栓按使用类型分为通用型螺栓、发动机螺栓、轴销螺栓。

1. 通用型螺栓

航空器结构通用型螺栓（图 2-6），按头型可分为普通六方头（标准头）、十二方头、埋头、环眼头、槽形头、内六方头、特殊头型等多种。

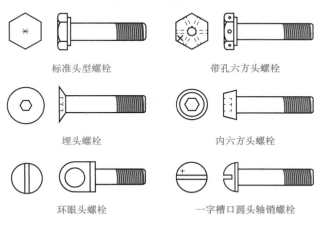

标准头型螺栓　　　　带孔六方头螺栓

埋头螺栓　　　　内六方头螺栓

环眼头螺栓　　　一字槽口圆头轴销螺栓

图 2-6　各种螺栓的头型

2. 发动机螺栓

发动机或环境振动严重的部位通常采用高精度螺栓（图 2-7）。它应用于经受冲击负荷需要紧密配合的部位。因为高精度螺栓配合紧密，所以螺栓无法镀镉。为了防腐，在装配之前应在螺栓的咬合部分涂一层薄薄的防锈脂。安装时必须使用榔头敲击才能到位。

3. 轴销螺栓

轴销螺栓（图 2-8）适用仅承受剪切力而不受拉伸力的部件连接，如操纵系统中作为铰接点的轴销。轴销螺栓头为圆头一字槽（用一字螺钉旋具拆装），螺纹段与非螺纹段交界处开有环槽。

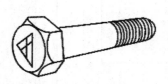

图 2-7 高精度螺栓头部的三角形标记

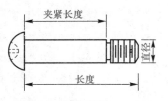

图 2-8 轴销螺栓

■ 二、航空螺钉的认知

（一）螺钉的型号编码

航空螺钉的波音标准通常用于特殊用途的螺钉件号编码。例如，BACS12ER 是一种钛合金螺钉，用于腐蚀环境比较恶劣的区域的活门安装，或要求使用非磁性紧固件的地方。

BAC（波音标准）系列如图 2-9 所示。

（二）航空螺钉的分类

常用的航空螺钉（图 2-10）可分为结构用螺钉、机械用螺钉和自攻型螺钉三类。

（1）结构用螺钉具有与同尺寸螺栓完全相同的强度，故而可作为结构螺栓来使用。

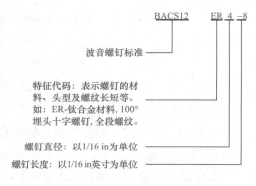

图 2-9 波音螺钉的牌号表示
材料、头型、长度和直径

（2）机械用螺钉常用于一般性的非结构和次要结构件的连接。

（3）自攻型螺钉靠螺钉本身在装配孔里攻丝而紧固。

图 2-10 航空螺钉

56

■ 三、航空螺母的认知

（一）螺母的型号编码

螺母的型号编码与螺栓的大致相同，首先是基本编码包括系列代号和型别代号，随后是有关材料、尺寸规格等代号。

BAC（波音标准）系列如图 2-11 所示。

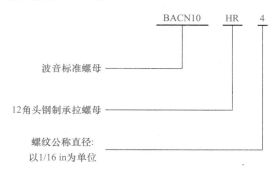

图 2-11　波音螺母的牌号表示材料、长度和直径

（二）航空螺母的分类

航空螺母按锁紧功能可分为非自锁型和自锁型两大类。非自锁型螺母在固定后，如果是沉型螺母，必须采用诸如开口销、保险丝、防松螺母等外部保险方式，如果是平螺母，则应该与平垫圈和弹性锁紧垫圈一起使用，以保证螺母的安装牢固；自锁型螺母则本身具有锁紧功能。按螺栓受载情况，可以将螺母分为受拉螺母和受剪螺母。通常受拉螺母比受剪螺母厚一些。

1. 非自锁型螺母

通常使用的普通螺母、沉型螺母、承剪螺母、普通六方头和薄六方头螺母，以及普通锁紧螺母都属非自锁型螺母。

图 2-12 所示为 AN310HE、AN340 非自锁型螺母。其中，AN310 系列槽顶螺母与螺栓是按 3 级精度装配的，它能够承受很大的拉伸力和剪切力；AN340 轻型六方头螺母属于 2 级配合的粗螺纹螺母，必须加装保险件。

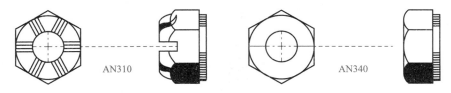

图 2-12　非自锁型螺母

2. 自锁型螺母

自锁型螺母是不需要额外的保险手段，而是在自身构造上装有保险装置的螺母。通常用于轴承件和操作钢索滑轮的固定、一般附件的安装、检查口盖板和油箱安装口盖板的安装、发动机气门摇臂盒盖和排气支架的安装。但它不能用在螺栓受扭矩作用而使螺栓或螺母可能转动的部位。

（1）低温自锁螺母。低温自锁螺母顶部镶嵌着一个纤维或塑胶锁圈，如图 2-13 所示。低温自锁螺母不能用于温度高于 250 ℉（约 121 ℃）的工作区域。一般情况下，低温自锁螺母无须保险，但必须做松动检查标记。

（2）高温自锁螺母。高温自锁螺母用于温度超过 250 ℉ 的部位。这种螺母是全金属的，通常有承载螺纹和锁紧螺纹两部分，如图 2-14、图 2-15 所示。锁紧螺纹位于螺母顶部一段内，它可有不同的形式，一种是将螺母顶端开出槽缝，再将这些槽缝挤压闭合，这样使顶部螺纹的直径比承载螺纹的直径稍小一点；另一种是将螺母顶端的锁紧部分螺纹孔挤压成稍有椭圆度，当螺栓拧入螺母锁紧段时，螺母螺纹孔受螺栓力而变形（椭圆变成圆形）。

图 2-13　低温自锁螺母

AN363 (MS20363)　　　　　　NAS679

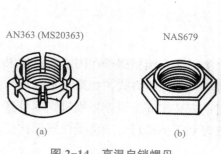

(a)　　　　　　　(b)

图 2-14　高温自锁螺母

（a）金属自锁螺母；（b）薄的金属自锁螺母

图 2-15　高温自锁螺母实物

（3）托板螺母。航空器结构上通常采用的托板螺母如图 2-16 所示。这种托板螺母主要用于受力口盖的固定性连接，它被固定在开口区结构的内侧，通过拧入螺钉来将口盖固定到航空器结构上。

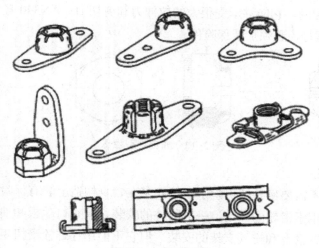

图 2-16　托板螺母

（4）片状弹簧螺母。片状弹簧螺母用于对质量不大的零件的安装，如对管线夹头、电子设备、小型航空器上盖板的安装和固定。

如图 2-17 所示，它由两个钢质弹簧片向上翘起，中间组成一个小于所使用螺钉直径的孔，当螺钉向内旋入时，螺纹将两个弹簧片拉平，中间的孔进一步减小，锁紧拉向结合面，同时，也使得螺钉固定在机构上。它一般与普通螺钉和钣金自攻螺钉一起使用。

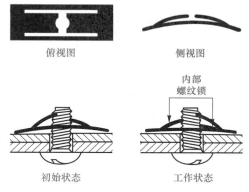

图 2-17　片状弹簧螺母的安装

■ 四、销钉的认知

应用于航空器结构上的销钉有滚柱销、销轴销钉、锥形销三种。销钉的作用是承受剪切力和保险。

（一）滚柱销

滚柱销是由弹簧钢弯曲制成的有缝管。销子带弹性，安装在孔内时挤压孔壁。如果需要拆卸，必须选用大小适合的冲头。图 2-18 所示的 MS16562 滚柱销常用于固定航空座椅。

（二）销轴销钉

销轴销钉常用于连接航空器操纵系统部件。销轴销钉的一端带销钉头，另一端在销轴上开保险孔。安装时通过保险销固定防止脱落。销轴销钉的长度以 1/16 in 为递增单位，用镀镉钢制成。图 2-19 所示的销轴销钉常用于连接航空器的操纵钢索。

（三）锥形销

锥形销可分为光杆和带螺纹的两种，如图 2-20 所示。其主要用于承受剪切力且需要紧密固定的接合处。AN386 是带螺纹锥形销，用 AN364 自锁螺母或 AN320 蝶形螺母一起装配。

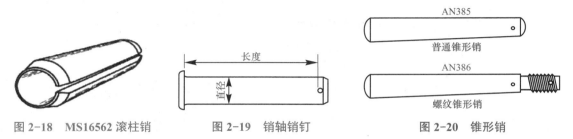

图 2-18　MS16562 滚柱销　　　图 2-19　销轴销钉　　　图 2-20　锥形销

五、垫圈的认知

常用的机体修理垫圈有普通型、簧板型和专用型，如图 2-21 所示。垫圈可以起到使承荷面受力均匀分布，防止腐蚀和保护被连接表面的作用，修正螺母紧固螺栓后的光杆段长度，还可以用来调节开口销插孔位置防止螺栓和螺母因振动而松脱。

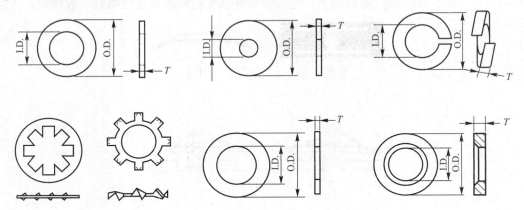

图 2-21　各种形式的垫圈

六、转角拧紧式紧固件的认知

转角拧紧式紧固件，通常用于航空器上的检查窗板、舱盖及其他经常拆卸的板面。转角拧紧式紧固件的最主要特点是能使各处的窗门盖板迅速而灵巧地拆开，为检查和维护工作提供方便。其主要类型有 DZUS、CAMLOC、AIRLOC。

（一）宙斯（DZUS）型紧固件

宙斯型紧固件由螺钉、眼圈和锁簧座等部分组成。这种紧固件只需顺时针方向拧转90°就可以使螺钉锁定固位。而当要卸开时，只需向逆时针方向略为扭转即可，一般使用DZUS 专用扳手或特殊刀头的螺钉旋具作为拆卸工具，如图 2-22 所示。

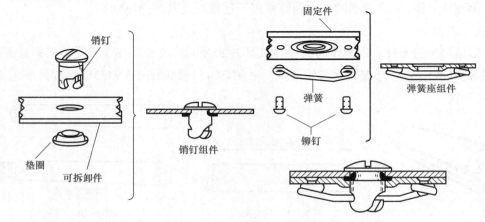

图 2-22　宙斯（DZUS）型紧固件

（二）CAMLOC 型紧固件

CAMLOC 型紧固件常用来紧固航空器的整流罩和整流缘条。它由螺桩组件、眼圈和锁座三部分组成。这种紧固装置只需顺时针方向拧转90°就可使螺桩锁定固位，卸开时，只需向逆时针方向略为扭动即可，如图 2-23 所示。

（三）AIRLOC 型紧固件

AIRLOC 型紧固件由螺桩、横销和销座三部分组成，如图 2-24 所示。

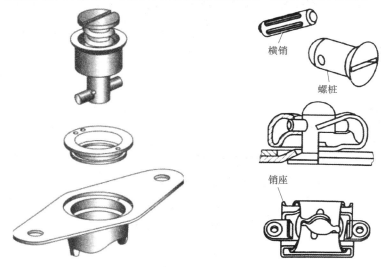

横销

螺桩

销座

图 2-23　CAMLOC 型紧固件　　图 2-24　AIRLOC 型紧固件

项目二　螺纹紧固件的拆装

【学习任务】

本项目通过学习航空维修中螺母、螺栓、螺钉拆装工具的选择和使用、螺纹紧固件安装、螺纹紧固件装配力矩的实施、螺纹紧固件特殊拆卸施工方法和注意事项等基本知识，完成一般拆装与特殊拆装等实训任务，让学员能够正确使用常用工具进行相关维修工作。

【学习目标】

1. 知识目标

（1）熟悉螺母、螺栓、螺钉拆装工具的选择和使用；

（2）熟悉螺纹紧固件安装的施工方法与注意事项；

（3）熟悉螺纹紧固件装配力矩的施工方法与注意事项；

（4）熟悉螺纹紧固件特殊拆卸施工方法和注意事项。

2. 能力目标

（1）选择正确的工具进行紧固件的一般拆装；

（2）根据要求对紧固件正确地施加装配力矩；

（3）根据要求对紧固件进行特殊拆卸。

3. 素质目标

（1）养成严谨的航空维修工作作风；

（2）养成良好的工作习惯。

【典型工作任务】

航空维修中要对各种机件进行拆卸和安装，要对紧固件拧紧到规定的力矩值，工作者该如何正确地选用工具来高效地完成这些工作呢？在工作的过程中，工作者应如何对螺母、螺栓、螺钉进行一般拆装及特殊拆装呢？

任务一　螺纹紧固件的一般拆装

【学习任务】

　　本任务主要学习航空维修中螺母、螺栓拆装工具的选择和使用、螺钉拆装工具的选择和使用、螺纹紧固件装配要点、对螺纹紧固件长度、直径的要求和装配力矩等基本知识及操作技能，让学员能够正确选用工具来进行紧固件的拆装工作。

【学习目标】

1．知识目标

　　（1）熟悉螺母、螺栓拆装工具的选择和使用；
　　（2）熟悉螺钉拆装工具的选择和使用；
　　（3）熟悉螺纹紧固件的装配方法及注意事项；
　　（4）熟悉螺纹紧固件力矩的施加方法与注意事项。

2．能力目标

　　（1）正确地选用螺纹紧固件的拆装工具；
　　（2）在航空维修工作中正确进行紧固件的拆装工作。

3．素质目标

　　（1）养成严谨的航空维修工作作风；
　　（2）养成良好的工作习惯。

【工作情景】

　　航空维修中有许多航空器部件在定期的维护中必须频繁拆卸分解或更换，因此，对其装配紧固方法要求达到快卸快装。工作者该如何正确高效地完成这些工作呢？在工作的过程中，工作者应如何进行紧固件的拆装、在安装过程中如何对紧固件施加力矩呢？

【学习内容】

■ 一、螺母、螺栓拆装工具的选择和使用

　　（1）拆除螺母的保险，禁止在未除保险的情况下拧动螺母；
　　（2）选择合适的扳手，根据螺母的大小和周围空间的宽窄选择合适的开口、梅花、套筒或特种扳手；

（3）扳手卡在螺母上正确的位置（图 2-25），另一个扳手卡住螺栓头（图 2-26），扶住扳手，防止滑动；

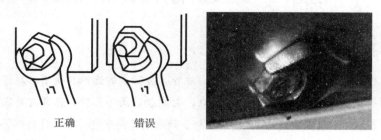

正确　　　　错误

图 2-25　扳手位置正误比较

图 2-26　拆装螺栓情形

（4）按照螺母拧松的方向拧，拧松后，最好用手拧下螺母；

（5）拆装螺栓时，如果太紧无法拆装，确认螺栓为要求的件号后，可以用冲子冲螺栓的方法拆装，如图 2-27 所示。

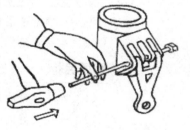

图 2-27　拆卸螺栓情形

■ 二、螺钉拆装工具的选择和使用

（1）选择合适的一字螺钉旋具或十字螺钉旋具与螺钉匹配，如图 2-28 所示。拆装一字螺钉时，一字螺钉旋具刀口过窄、过薄都容易损坏螺钉凹槽，过宽还会损伤机件的表面；拆装十字螺钉时，十字螺钉旋具刀口的锥度应与螺钉的凹槽大致相同，锥度过大、过小均易损坏螺钉槽。在维护工作中，禁止用一字螺钉旋具代替十字螺钉旋具。

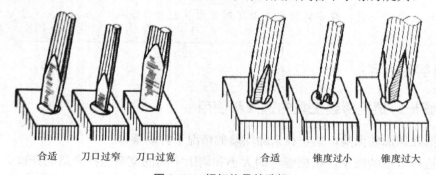

合适　　刀口过窄　　刀口过宽　　　　合适　　锥度过小　　锥度过大

图 2-28　螺钉旋具的选择

（2）保持螺钉中心线与螺钉旋具中心线在一条线上，并用力压紧以防拧转时螺钉旋具滑脱，如图 2-29 所示。

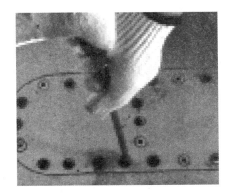

图 2-29　螺钉的拆卸

（3）施加合适的力，正、反向转动，待松动后用手拧下螺钉。

（4）螺钉过紧，不易拧松。可事先渗透煤油、除锈剂、松动剂等，待锈层变松后再拆卸。也可用榔头轻轻振击零件或用冲击螺钉旋具，但必须防止敲坏零件。

（5）装螺钉时，先用手将螺钉拧上，然后用螺钉旋具拧紧，直到拧到与机件、蒙皮平齐，严禁一开始就用螺钉旋具拧紧，防止因未对准螺纹而损伤机件。

■ 三、螺纹紧固件安装

1．螺纹紧固件装配要点

（1）应根据手册或图册的规定领用航空器紧固件，确定安装的方向和方式。除特别说明外，航空器的螺栓应从上往下、从前往后安装，安装时必须与部件安装表面垂直，如图 2-30 所示。

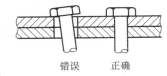

错误　　正确

图 2-30　螺纹紧固件装配图

（2）在安装前检查螺栓或螺母与零件贴合的表面，要保持光洁、平整，螺栓或螺母如受损或自锁力不足，应更换新件。

（3）紧固件装配时按手册相关章节对安装材料进行表面处理以防电化学腐蚀。当螺栓安装需要密封剂和防咬剂时必须在安装垫圈之前完成。对螺栓、螺母进行正确的润滑，如图 2-31 所示。通常螺栓和螺栓孔的配合都是松配合，可以较轻松地用手将螺栓装入螺栓孔。安装紧配合螺栓用胶锤打入时要检查孔是否校齐，孔的直径及螺栓的尺寸是否正确。

（4）在拆装螺栓时，应尽可能通过固定螺栓头，按拧松螺母的方式进行，如果通过固定螺母，拧松螺栓头的方式，可能导致孔壁或螺纹的损坏。

（5）当在旋紧螺母时，应先用手将螺母带上牙后再使用工具旋紧，如果一开始就感觉很紧，可能是位置不正确，必须旋松再重新旋紧。

（6）拧紧成组的螺母时，须按照一定的顺序进行，如图 2-32 所示。

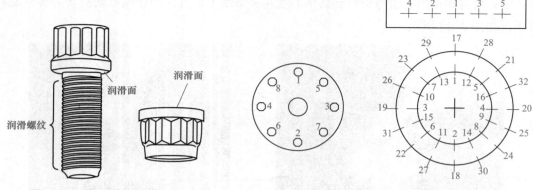

图 2-31　紧固件的润滑　　　　　　　　图 2-32　紧固件的拧紧顺序

（7）航空器上的螺纹紧固件都有力矩要求，手册中规定的力矩值是指加在螺母一端的力矩值。拧紧力矩后根据手册规定采用防松装置或防松动标记。

（8）严禁使用丝锥修理自锁螺母的螺纹。

2. 对螺纹紧固件长度、直径的要求

（1）安装螺栓时，要求光杆长度最好等于螺栓穿过的部件厚度，如果无法满足，可以略长，长出部分用垫片填满，如图 2-33 所示。

（2）螺母锁紧后，螺母上露出的牙数不能太少或太多，如图 2-34 所示。具体要求见相关手册规定。

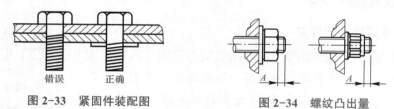

图 2-33　紧固件装配图　　　　　　图 2-34　螺纹凸出量

（3）在以下情况下应安装垫片。当螺栓头部有倒圆角时，应在螺栓头部下面加有埋头凹槽的垫片，要求凹槽对着螺栓。当连接不同材料的部件时，例如，在连接铝（镁）部件时，必须使用铝制垫片以防金属间腐蚀。调整螺栓长度时，应加调整垫片，优先安装在螺母一边，后考虑加在螺栓头，连接时不得超过 3 片（包括埋头凹槽的垫片）。

（4）在航空器结构上，不得使用直径小于 3/16 in 的合金钢螺栓或直径小于 1/4 in 的铝合金螺栓。

■ 四、螺纹紧固件装配力矩

1. 装配力矩

航空器的高速运动使各连接结构件承受相当大的应力，任何的构件都必须分担按设计所赋予的荷载，既不能过载，也不能欠载，否则会影响结构的连接强度和整体稳定性。因此，对于像螺栓、螺母、螺钉之类的装配紧固件，必须严格掌握其紧固受力，从而使整个结构单元的负载得到合理分配和安全的传递。螺杆力矩过大，会导致螺纹及螺杆承受拉力过大而失效，螺桩力矩过大，会导致内嵌的丝套破坏内螺纹，致使整个螺桩从螺纹孔脱出，彻底丧失紧固能力；反之，螺杆或螺桩力矩不足，会导致接合面的振动和疲劳失效；恰如其分的紧固力矩，不仅可使每个连接结构件达到设计强度，而且在很大的程度上，可以降低由于材料疲劳而产生的结构破坏。

2．自锁力矩

自锁力矩是转动起自锁作用的螺纹所需的力矩。对有自锁性能的螺母，自锁力矩是指在拧螺母时，当螺母的螺纹完全和螺栓咬合，但还没有和被紧固的飞机零件接触时的力矩值。自锁力矩用于检查自锁螺母能否重复使用。

自锁螺母自锁力矩检查如下：

（1）查阅施工的工卡和手册的相应章节，得到所需自锁螺母的自锁力矩值。

（2）使用经过认证的刚性力矩扳手进行此过程。力矩扳手必须能够指示峰值力矩值。

（3）将螺母拧到螺栓上。向下旋转螺母，直到螺母顶部与螺栓的末端齐平。

（4）使用转盘或数字力矩工具，继续将螺母向下旋转三个完整的圆周（顺时针方向为1 080°）。

（5）在第三转期间，注意指示的扭矩读数。确保在最后的旋转过程中，螺母没有紧贴结构。垫圈必须在螺母进行第三次旋转时，始终可以在螺母下方自由旋转。

（6）观察到的峰值力矩读数即此螺母的自锁力矩值。

（7）如果螺栓的夹紧长度阻止螺母旋转三整圈，在第（3）步中，向下旋转螺母，直至其与固定座相距大约一圈。螺栓的整个倒角必须超出螺母的顶部。

工卡标题	航空紧固件一般拆装		工卡编号		2-2-1
工作区域			实训日期		
版本	R0		工时		90 min
任务描述	对照工具清单按要求进行工具的清点和检查，正确地选用工具对直线排列紧固件和圆形排列紧固件进行拆装操作，正确选用力矩扳手对紧固件施加力矩；掌握紧固件直线排列和圆形排列的拆装方法与拆装时的注意事项。考核结束时，需提交工卡				
注意事项	1. 严格遵守操作规程； 2. 注意安全，严禁违规作业； 3. 保持环境卫生				

类别	名称	规格型号	单位	数量	工作者	检查者
工具、量具	标准工具箱		个	1		
	转接杆	3/8 头	个	1		
	套筒头	10	个	1		
	套筒头	11	个	1		
	力矩扳手	5～25 N·m	把	1		

工作步骤	工作者	检查者
1. 对照清单清点工具、量具		
2. 用毛刷清洁螺栓和螺母的周围		
3. 直线分布紧固件的拆装： （1）选择合适的扳手将紧固件按照要求拧松，并取下紧固件。 （2）安装紧固件，并按要求进行拧紧。 （3）使用力矩扳手将紧固件拧紧到规定的力矩值，对螺母按（15±3）N·m力矩拧紧。 （4）检查紧固件安装正常。 注意：拧紧顺序为从中间往两边		
4. 圆形分布紧固件的拆装： （1）选择合适的扳手将紧固件按照要求拧松，并取下紧固件。 （2）安装紧固件，并按要求进行拧紧。 （3）使用力矩扳手将紧固件拧紧到规定的力矩值，对螺母按（15±3）N·m力矩拧紧。 （4）检查紧固件安装正常。 注意：拧紧顺序为对称十字交叉		

结束工作	工作者	检查者
清点、检查和维护工具，清扫和整理现场		

任务二　螺纹紧固件的特殊拆卸

【学习任务】

本任务主要学习航空维修中螺纹紧固件的振动拆卸法、压板拆卸法、大力钳法和螺旋锥取螺器法等特殊拆卸法拆卸工具的选择和使用、特殊拆卸的要点等基本知识及操作技能，让学员能够正确选用工具来进行螺纹紧固件的特殊拆卸工作。

【学习目标】

1．知识目标

（1）熟悉振动拆卸法工具的选择和使用；

（2）熟悉压板拆卸法工具的选择和使用；

（3）熟悉大力钳拆卸法工具的选择和使用；

（4）熟悉螺旋锥取螺器拆卸法工具的选择和使用；

（5）熟悉振动拆卸法的施工方法及注意事项；

（6）熟悉压板拆卸法的施工方法及注意事项；

（7）熟悉大力钳拆卸法的施工方法及注意事项；

（8）熟悉螺旋锥取螺器拆卸法的施工方法及注意事项。

2．能力目标

（1）正确地选用螺纹紧固件特殊拆卸法拆卸工具；

（2）在航空维修工作中正确进行螺纹紧固件的特殊拆卸工作。

3．素质目标

（1）养成严谨的航空维修工作作风；

（2）养成良好的工作习惯。

【工作情景】

因为飞机部件、机械连接件、结构连接件经过一定的使用周期可能产生锈蚀或变形，或者拆卸操作不当，造成部分螺纹紧固件难以正常拆卸下来。但飞机构件必须进行维护或维修，这就需要采取一些特殊方法将紧固件拆卸下来。

【学习内容】

因为飞机部件、机械连接件、结构连接件经过一定的使用周期可能产生锈蚀或变形，或者拆卸操作不当，造成部分螺纹紧固件难以正常拆卸下来。但飞机构件必须进行维护或维修，这就需要采取一些特殊方法将紧固件拆卸下来。一般采用的方法有以下几种。

一、振动拆卸法

振动拆卸法是用塑料榔头敲击振动，或使用气动铆枪振动紧固件的拆卸方法。要求使用者在拆卸过程中，不能对飞行器零部件进行敲击。拆卸前用少许润滑油或渗透液浸泡紧固件一定时间。使用者要具备一定的钳工及钣金工基础，无论使用塑料榔头还是气动铆枪，都有可能对零部件造成不必要的损伤。图 2-35 所示为常用的振动螺钉旋具。

图 2-35 振动螺钉旋具

二、压板拆卸法

压板拆卸法是利用飞行器本身结构孔，使用压板（图 2-36）将拆卸工具与紧固件紧密咬合，使拆卸工具在拆卸过程中不易滑脱，从而拆卸一些比较难以拆卸的紧固件。拆卸前用少许润滑油或渗透液浸泡紧固件一定时间。此法不能用于比较薄弱的结构，过大的压板压力会使结构损坏。

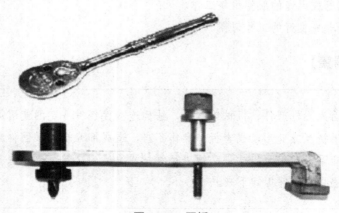

图 2-36 压板

■ 三、大力钳法

大力钳法是用大力钳夹紧紧固件（图 2-37），从而拆卸已打滑的紧固件的方法。拆卸前用少许润滑油或渗透液浸泡紧固件一定时间。拆下的紧固件应报废。

图 2-37　大力钳夹持紧固件

■ 四、螺旋锥取螺器

螺旋锥取螺器为杆状旋转工具，如图 2-38 所示。取螺器尖端制成四角或五角棱状，在杆身上有类似钻头的切削刃，但其旋向与钻头相反，在尾部有四方头与扳杆连接。使用时，用小于螺桩直径的钻头在螺桩断口钻孔，然后把取螺器敲入孔内，逆时针旋转。由于棱尖切削刃方向均在逆时针旋转时与孔壁增加摩擦，故可将螺桩取下。拆卸前用少许润滑油或渗透液浸泡紧固件一定时间。使用者要具备一定的钳工及钣金工基础，使用气钻，有可能对人及零部件造成不必要的损伤。

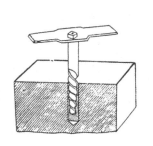

图 2-38　螺旋锥取螺器

◇◇ 【工作任务的实施】

工卡标题	航空紧固件的特殊拆卸			工卡编号		2-2-2
工作区域				实训日期		
版本	R0			工时		90 min
任务描述	对照工具清单按要求进行工具的清点和检查，正确地选用工具进行振动拆卸、压板拆卸、大力钳拆卸和螺旋锥取螺器拆卸的操作；掌握进行特殊拆卸时的注意事项。考核结束时，需提交工卡					
注意事项	1. 严格遵守操作规程； 2. 注意安全，严禁违规作业； 3. 保持环境卫生					
类别	名称	规格型号	单位	数量	工作者	检查者
工具、量具	大力钳	5	把	1		
	铁榔头	2P	把	1		
	中心冲	6	把	1		
	手电钻/气钻		把	1		
	电排插/气管	5 m	个	1		
	钻头	$\phi3 \sim \phi4$	个	按需		
	反旋锥	$3 \sim 12$	套	1		
	托盘		个	1		
	刷子		个	1		
	护目镜		副	1		
	压板取螺器		个	1		
	摇把		个	1		
	转接头		个	1		
	套筒十字头		个	1		
	十字头		个	1		
	十字螺钉旋具		个	1		
	振枪		把	1		
	振枪头		个	1		
	工具盘		个	1		
	清洁布		条	1		
	气管	10 m	个	1		
设备	练习块		块	2		
	台虎钳		台	2		
	歼-7飞机盖板		台	1		
耗材	螺杆	M8×20	个	按需		
	渗透油	WD-40	瓶	按需		

工作步骤	工作者	检查者
1. 准备相关工具与耗材。 （1）到工具房领取工具； （2）检查工具情况，外表完好无损伤，功能正常； （3）领取耗材； （4）办理好领取手续		
2. 注意观察螺桩的折断情况。 清洁螺桩表面及周围，检查周围情况		
3. 如螺桩还有一部分露出机匣，采用大力钳法拆卸该螺桩。 （1）根据需要用少许润滑油或渗透液浸泡紧固件一定时间。 （2）用大力钳夹住螺桩将螺桩拧下来，报废螺桩		
4. 如折断螺桩没有露出机匣，采用钻孔反丝锥法（螺旋锥取螺器法）拆卸该螺桩。 （1）用中心冲和榔头在螺桩端面冲一个中心点。 （2）用合适的气钻或电钻在螺桩端面钻一个孔。 （3）用合适的反旋锥将螺桩取出。 警告：使用气钻／电钻，需佩戴护目镜，严禁戴手套操作		
5. 用摇把或十字螺钉旋具拆卸指定的螺杆。 （1）连接好摇把、套筒、十字头。 （2）用摇把对准螺钉十字孔，垂直按紧。 （3）转动摇把，拆下螺钉。 （4）用十字螺钉旋具对准螺钉十字孔，垂直按紧。 （5）转动十字螺钉旋具，拆下螺钉		
6. 如锈蚀情况较轻，采用振枪振动法拆卸该螺钉。 （1）用少许润滑油或渗透液浸泡紧固件一定时间。 （2）将螺钉旋具杆配以合适刀头放入铆枪的铆头安装孔。 （3）用振枪头对准螺钉十字孔，垂直按紧。 （4）利用铆枪的振动对紧固件敲击，松动螺纹间的锈蚀、杂质。 （5）用扳杆旋转螺钉旋具杆拆下螺钉		
7. 如锈蚀情况较重，采用压板法拆卸该螺桩。 （1）用少许润滑油或渗透液浸泡紧固件一定时间。 （2）将压板固定好，拧出螺钉		
8. 检查螺钉完好，安装盖板螺钉		
结束工作	工作者	检查者
清点、检查和维护工具，清扫和整理现场		

项目三　紧固件保险装置的特点与应用

【学习任务】

　　本项目通过学习航空维修中紧固件保险施工时工具的选择和使用、摩擦类保险、保险丝保险、开口销保险、锁片保险、卡环保险的施工方法和注意事项等基本知识，完成摩擦类保险和常见机械类保险等的实训任务，让学员能够正确选用工具进行相关的保险施工。

【学习目标】

1. 知识目标

　　（1）熟悉摩擦类保险的施工方法与注意事项；

　　（2）熟悉保险丝保险的施工方法与注意事项；

　　（3）熟悉开口销保险的施工方法与注意事项；

　　（4）熟悉锁片保险的施工方法和注意事项；

　　（5）熟悉弹簧卡环保险的施工方法和注意事项。

2. 能力目标

　　（1）根据技术要求进行摩擦类保险的施工；

　　（2）根据技术要求进行保险丝保险的施工；

　　（3）根据技术要求进行开口销保险的施工；

　　（4）根据技术要求进行锁片保险的施工；

　　（5）根据技术要求进行弹簧卡环保险的施工。

3. 素质目标

　　（1）养成严谨的航空维修工作作风；

　　（2）养成良好的工作习惯。

【典型工作任务】

　　在航空器上对紧固件除规定拧紧力矩外，还要求采用某些措施防止它们松动，这些措施称为"保险"。

　　航空维修中要求工作者应如何对螺母、螺栓、螺钉进行保险施工呢？

任务一　摩擦类保险

【学习任务】

本任务主要学习航空维修中常用的摩擦类保险的施工方法及注意事项等基本知识与操作技能，让学员能够正确选择和使用工具进行不同种类的摩擦类保险的施工，能够正确使用摩擦类保险进行相关维修工作。

【学习目标】

1．知识目标

（1）熟悉弹簧垫圈保险的施工方法与注意事项；

（2）熟悉自锁螺母保险的施工方法与注意事项；

（3）熟悉双螺母保险的施工方法与注意事项；

（4）熟悉簧板式垫圈保险的施工方法与注意事项。

2．能力目标

（1）进行弹簧垫圈保险施工；

（2）进行自锁螺母保险施工；

（3）进行双螺母保险施工；

（4）进行簧板式垫圈保险施工。

3．素质目标

（1）养成严谨的航空维修工作作风；

（2）养成良好的工作习惯。

【学习内容】

摩擦类保险：通过增加螺纹间的摩擦力防止松动。

一、弹簧垫圈保险

弹簧垫圈保险一般用在受力不大的部件。靠弹簧的弹性形变产生的回复力来增大螺纹间的自锁力达到保险目的。弹簧垫圈可以重复使用，因此，在安装前要确定弹簧垫圈是完好的，并且没有被压平。由于弹簧垫圈是不平整的，所以应该在弹簧垫圈与部件之间安装平垫圈（图2-39），安装的目的是保证受力均匀和防止弹簧划伤部件。

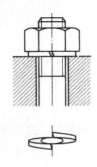

图 2-39　弹簧垫圈保险

■ 二、自锁螺母

　　自锁螺母主要用于轴承件和操纵钢索滑轮的固定、一般附件的安装、检查口盖的安装及某些发动机零附件的安装等。这种螺母在严重振动环境下不松动。但它不能用在螺栓受扭矩作用而使螺栓或螺母可能转动的部位。图 2-40 所示为三种类型自锁螺母。

　　（1）低温自锁螺母俗称橡皮头螺母。这种螺母顶部镶嵌着一个纤维或塑胶锁圈。这种锁圈质地坚韧耐用，不受水、油和溶剂影响，且对螺栓的螺纹及表面镀层无影响。锁圈上无螺纹，且内径比螺母螺纹最大直径稍小一些。低温自锁螺母不能用于温度高于 250 ℉ 的部位。

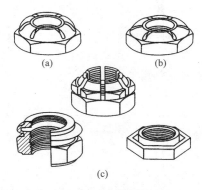

图 2-40　自锁螺母
（a）低温自锁螺母；（b）抗剪型低温自锁螺母；（c）高温自锁螺母

　　（2）抗剪型低温自锁螺母与低温自锁螺母相似，只是较薄一些。这种螺母用于螺栓受剪不受拉的部位，主要和螺栓杆上无孔的轴销螺栓配合使用。

　　（3）高温自锁螺母用于温度超过 250 ℉ 的部位。这种螺母是全金属的，螺母通常有承载螺纹和锁紧螺纹两部分。锁紧螺纹位于螺母顶部一段内，它可有不同的形式，如图 2-41 所示。一种形式是将螺母顶段开出槽缝，再将这些槽缝挤压闭合，这样使顶部螺纹的直径比承载螺纹的直径稍小一点。当螺栓拧入锁紧螺纹时，螺母上的槽缝被撑开，螺母变形的弹性力使螺栓与螺母夹紧，防止松动；还有一种锁紧方式是将螺母顶端的锁紧部分螺纹孔挤压成稍有椭圆度，当螺栓拧入螺母锁紧段时，螺母螺纹孔受螺栓力而变形（椭圆变成圆形），这种变形的弹性恢复力使螺母实现对螺栓的夹紧作用，从而实现自锁。

三、双螺母保险

双螺母保险如图 2-42 所示。双螺母中下螺母是紧固螺母，上螺母是保险螺母。

仅螺母保险用于受力较大或紧固件需保持在某一特定部位的情况，如散热器吊带处。其比弹簧垫受力大且比开口销式螺栓定位灵活。当紧固螺母拧紧或到位后，用扳手固定，再在其上拧上一个保险螺母。拧紧后使两螺母互相压紧，中间螺杆部分被拉伸，从而增大螺纹摩擦力。起紧固作用的螺母拧紧后不应使其再转动，上方的为保险螺母。维修工作中可以用双螺母方式拆装螺桩。

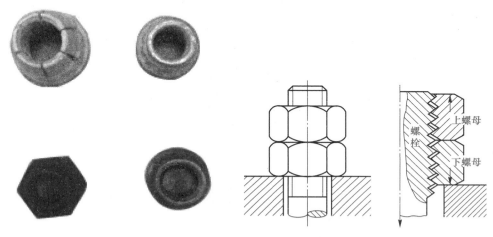

图 2-41　自锁螺母保险　　　　　　　图 2-42　双螺母保险

四、簧板式垫圈保险（内花、外花保险圈）

垫圈为圆形，在内沿或外沿上有很多舌片，如图 2-43 所示。当螺母或螺钉拧紧后将其压紧，其弹性变形增加摩擦阻力。此种垫圈不适用于安装自锁螺母或沉型螺母的部位。其与机械螺钉和螺栓配合。

图 2-43　内、外簧板式垫圈

工卡标题	紧固件拆装与摩擦类保险			工卡编号	2-3-1
工作区域				实训日期	
版本	R0			工时	90 min
任务描述	对照工具清单按要求进行工具的清点和检查，正确地选用工具进行弹簧垫圈、自锁螺母、簧板式垫圈的操作；掌握弹簧垫圈保险、自锁螺母保险、簧板式垫圈保险的施工方法及注意事项。考核结束时，需提交工卡				
注意事项	1. 严格遵守操作规程； 2. 注意安全，严禁违规作业； 3. 保持环境卫生				

类别	名称	规格型号	单位	数量	工作者	检查者
工具、量具	标准工具箱		个	1		
	套筒		套	1		
	力矩扳手	10～50 N·m	把	1		
设备	保险练习架		台	1		
	WP-6		台	1		
耗材	弹簧垫圈		个	按需		
	自锁螺母		个	按需		
	自锁垫圈		个	按需		

工作步骤	工作者	检查者
1. 准备相关工具与耗材： （1）到工具房领取工具； （2）检查工具情况，应外表完好无损伤，功能正常； （3）领取耗材； （4）办理好领取手续		
2. 弹簧垫圈保险。 （1）采用合适的工具将螺母从螺杆上拆卸。 （2）拆下弹簧垫片（视情况更换垫片）。 （3）拆下螺母（视情况更换螺母）。 （4）安装弹簧垫圈。 （5）安装螺母，拧紧，对螺母按（20±5）N·m力矩拧紧。 （6）检查安装是否正常		
3. 自锁螺母保险。 （1）采用合适的工具将自锁螺母从螺杆上拆卸。 （2）检查自锁螺母是否完好（视情况更换螺母）。 （3）安装自锁螺母，拧紧，对螺母按（20±5）N·m力矩拧紧。 （4）检查安装是否正常		
4. 自锁垫圈保险。 （1）采用合适的工具将螺母从螺杆上拆卸。 （2）拆下自锁垫圈。 （3）检查自锁垫圈是否完好（视情况更换自锁垫圈）。 （4）安装自锁垫圈。 （5）安装螺母，拧紧，对螺母按（20±5）N·m力矩拧紧。 （6）检查安装是否正常		
结束工作	工作者	检查者
清点、检查和维护工具，清扫和整理现场		

任务二 保险丝保险

【学习任务】

本任务主要学习航空维修中常用的保险丝保险的施工方法及注意事项等基本知识与操作技能，让学员能够正确选择和使用工具进行保险丝保险的施工，能够正确使用保险丝保险进行相关维修工作。

【学习目标】

1. 知识目标

（1）掌握边角孔保险丝保险的施工方法与注意事项；

（2）掌握对穿孔保险丝保险的施工方法与注意事项；

（3）熟悉单丝保险的施工方法与注意事项。

2. 能力目标

（1）进行边角孔双丝保险施工；

（2）进行对穿孔双丝保险施工；

（3）进行单丝保险施工。

3. 素质目标

（1）养成严谨的航空维修工作作风；

（2）养成良好的工作习惯；

（3）具备严谨、细心、追求高效的职业素质；

（4）养成对待工作一丝不苟、精益求精的职业精神。

【学习内容】

保险丝保险是航空器维修使用最多的保险形式，使用灵活、方便。它是将两个或两个以上的点用保险丝串联在一起，使它们相互牵制，任意一个点的活动都会受到其他点的限制，从而达到防松的目的。

一、保险丝材料

常见的航空器保险丝（图2-44）的材料、规格、用途见表2-1。

图 2-44　保险丝的选择

表 2-1　保险丝材料

材料	规格（尺寸）/in	用途
蒙乃尔	0.020、0.032 0、0.040、0.051、0.091	高温区的紧固件保险
不锈钢	0.020、0.032 0、0.040、0.051、0.091	非高温区的紧固件保险
铝合金	0.020、0.032 0、0.040、0.051、0.091	用于镁合金部件上，保险、防电化腐蚀
铜	0.020	用于应急设备、灭火瓶、急救箱、应急活门、电门等

保险丝件号的含义，如图 2-45 所示。

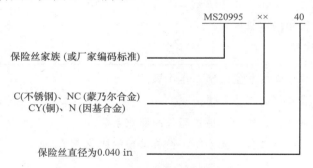

图 2-45　保险丝件号的含义

■ 二、保险丝使用的基本规则

（1）每次上保险必须使用新的保险丝，拆下的保险丝不能重复使用。

（2）对将用于保险部位的保险丝应检查：无腐蚀、无压痕、无损伤和急剧弯折变形，在编结段不得有任何损伤（否则会因振动断裂）。

（3）保险丝按 MS20995 的要求使用镍合金，除非手册另有规定。

（4）为防止电位腐蚀，在与镁接触的保险丝上使用 5056 铝合金覆盖层。

（5）防腐和防热的保险钢索仅当手册说明允许时可作为保险丝的替代品。这些说明只允许保险钢索安装在直径小于和等于 0.250 in 的螺栓与螺钉上，其头部中央有钻通的孔。保险钢索不能安装在六角头角边有钻孔的紧固件上。

（6）保险丝、保险钢索拆下后不能再继续使用。

（7）保险丝结尾长度打 3 ～ 6 个花（保险丝直径大于 0.032 in）。向后或向下打弯以保护保险丝的端部并使其不能钩住其他的东西。

三、双丝保险

常见的双丝保险如图 2-46 所示。

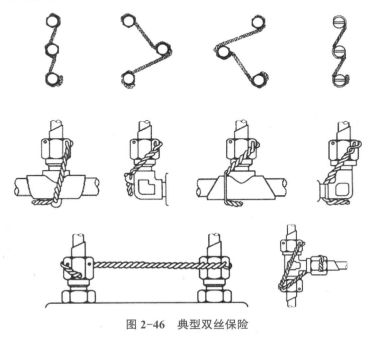

图 2-46　典型双丝保险

（一）保险基本要求

（1）除手册说明中另有规定外，所有保险丝均需用双股的方法。

（2）对于直径大于或等于 0.032 in 的保险丝，保险丝直径必须占将要穿过的孔径的 1/3 ～ 3/4。

（3）直径为 0.020 in 的保险丝能用于保险丝孔直径为 0.045 in 或更小的装置上，或者是零件相距小于 2 in 并且保险丝孔直径是 0.045 ～ 0.062 in 的装置上。

（4）多个紧固件组的要求。如果多个紧固件彼此间隔 4 ～ 6 in，用同一根保险丝保险的紧固件不能超过 3 个；如果多个紧固件彼此间隔超过 6 in，不能把它们串在一起打保险；如果多个紧固件彼此间隔小于 4 in，最长允许使用一根 24 in 的保险丝将不多于 4 个紧固件串在一起打保险。

（二）双丝保险的施工方法

1．准备工作

（1）备好用于剪断保险丝的剪钳（斜口钳），用于拧弯和弯折保险丝的鸭嘴钳或尖嘴钳。

（2）确保所有的保险孔都是可用的（没有堵塞、变形），确保螺纹紧固件拧紧到规定的力矩范围，再次确定所选择的保险丝是新的并且是完好的。

双丝保险的施工

（3）若螺纹紧固件比较集中且力矩小，使用保险丝比较短，可以考虑使用单根保险形式；若力矩比较大或距离比较远，则应该使用双根扭结保险。

2. 双丝保险的施工

（1）剪切一段保险丝，长度应该在预计要实施的保险（第一保险孔到最后一个保险孔）长度的 1.5 ～ 2 倍，如图 2-47 所示。

（2）选择合适的保险丝孔，确保每个紧固件都能被拉紧且拉紧角度不小于 30°，如图 2-48 所示。

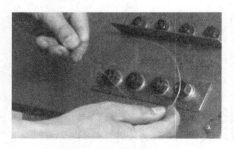  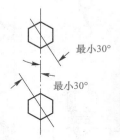 

图 2-47　保险丝长度的选取　　　　　　　　图 2-48　拉紧角度

（3）将保险丝穿入第一保险孔后约 1/2 处对折弯 180°，在保险孔的出口处用孔出口的一头压绕住螺栓头的另一头（穿丝压绕丝），如图 2-49 所示，而后打结，结必须打在保险孔的出口，如图 2-50 所示，结的第一扣角度：对穿孔，第一扣为 120°；边角孔，第一扣为 60°，如图 2-51 所示。

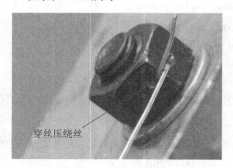 

穿丝压绕丝

图 2-49　穿丝压绕丝　　　　　　　图 2-50　第一个结的编结位置

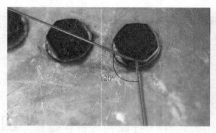 

图 2-51　第一扣的编结角度

（4）以 60° 的角度继续编结保险丝，编结过程要保持拉紧保险丝，如图 2-52 所示。

（5）将在上面的一头穿入螺栓孔，如有多个紧固件需要保险，则重复上面步骤，如图 2-53 所示。

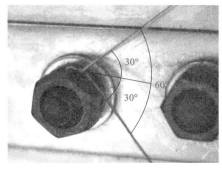

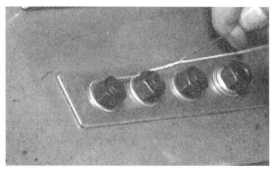

图 2-52　双丝保险的编花角度　　　　　图 2-53　多个紧固件的保险施工

（6）保险丝从最后一个紧固件保险孔穿出后，以 80° 的角度继续进行编结，如图 2-54 所示。最后留 3 ～ 6 个扣或者约 15 mm 作为收尾，多余的部分剪掉，如图 2-55 所示。收尾段顺保险丝的走向弯曲即可。

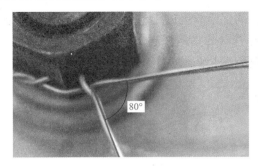

图 2-54　收尾的编花角度　　　　　　图 2-55　结尾预留长度

3．最终检查

再次确认拆卸螺栓前拆除的旧保险丝及本次保险作业剪切下的保险丝头已经从航空器上清除；保险旋向正确（是将紧固件向紧的方向拉）；完成的保险没有损伤，如图 2-56 所示。

当使用手指轻压保险丝跨度中部时，捻绕的保险丝总弯曲不得大于图中规定的极限。保险丝弯曲极限如图 2-57 所示。其尺寸见表 2-2。

图 2-56　保险丝的检查

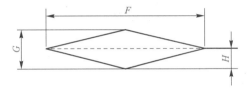

图 2-57　保险丝弯曲极限

F—保险丝跨度；*H*—单向弯曲极限；*G*—双向弯曲极限

表 2-2 保险丝弯曲极限

F/in	G/in	H/in	F/in	G/in	H/in
0.5	0.125	0.063	3.0	0.500	0.250
1.0	0.250	0.125	4.0	0.500	0.250
2.0	0.375	0.188	5.0	0.625	0.313

四、单丝保险

单丝保险如图 2-58 所示。通常用于窄小空间内闭环结构、电子系统上的零件和不适用双股保险经常拆卸的部位。单丝保险施工时应注意以下几项：

单丝保险的施工

（1）当使用单股方法时，使用能通过保险孔的最大标准尺寸的保险丝。

（2）保险前保险丝长度应该在预计要实施的保险长度的 1.5～2 倍。

（3）用单根保险丝串联时要注意保险丝穿孔时的走向，当螺钉、螺母开始松动时，封闭的保险丝圈将受力阻止松动。这种串联的螺钉数以保险丝长 24 in（609 mm）为限。

（4）单股保险丝结尾长度应为 1/4～1/2 in，要求不少于 4 个花。

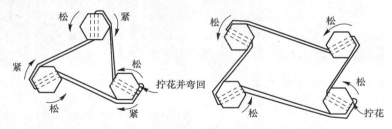

图 2-58 单丝保险

五、松紧螺套保险

松紧螺套保险有单丝直拉式、单丝缠绕式、双丝直拉式、双丝缠绕式和麻花保险、别针保险等保险方式，如图 2-59～图 2-61 所示。

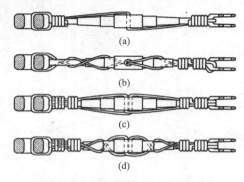

图 2-59 松紧螺套保险施工形式

（a）单丝直拉式；（b）单丝缠绕式；（c）双丝直拉式；（d）双丝缠绕式

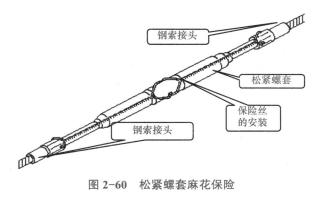

图 2-60　松紧螺套麻花保险

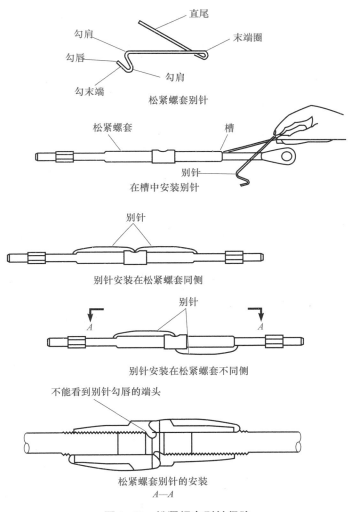

图 2-61　松紧螺套别针保险

单丝保险方式虽能达到保险要求，但双丝保险质量可靠性更高。

保险后要保证使螺杆向旋紧方向拉紧，应能阻止两端螺纹接杆向松的方向转动小于 1/2 圈，收尾在螺纹接杆上缠绕不低于 4 圈并应拉紧修平。

工卡标题	紧固件拆装与保险丝保险		工卡编号		2-3-2
工作区域			实训日期		
版本	R0		工时		90 min
任务描述	对照工具清单按要求进行工具的清点和检查，正确地选用工具进行保险丝保险的施工；掌握边角孔双丝保险、对穿孔双丝保险、单丝保险的施工方法及注意事项。考核结束时，需提交工卡				
注意事项	1．严格遵守操作规程； 2．注意安全，严禁违规作业； 3．保持环境卫生				

类别	名称	规格型号	单位	数量	工作者	检查者
工具、量具	力矩扳手	5～25 N·m	把	1		
	套筒	13～16 mm	个	1		
	保险钳		个	1		
	开口扳手	13～16 mm	个	2		
	护目镜		副	1		
	工具盘		个	1		
	标准工具箱	常规	个	1		
设备	保险练习架		台	1		
	WP-6		台	1		
耗材	保险丝		根	按需		

工作步骤	工作者	检查者
1．准备相关工具与耗材： （1）到工具房领取工具； （2）检查工具情况，应外表完好无损伤，功能正常； （3）领取耗材； （4）办理好领取手续		

工作步骤	工作者	检查者
2．将螺母上的保险丝完全拆除，清洁螺母表面及周围，检查周围情况		
3．采用合适的开口扳手（或梅花扳手）将螺母、垫片拆卸（拆卸时须用扳手固定另一端）。 注意：拆卸时注意防止螺母、垫片掉入部件。 清洁螺母、螺杆，检查完好，确保保险孔完好		
4．安装螺母，对螺母按（10±2）N·m加力矩。 （1）检查力矩的计量日期、计量单位、计量量程。 （2）使用的力矩值应处于力矩扳手的量程中间，以减少误差		
5．双股保险丝保险： （1）选择合适的保险丝，并剪切一段保险丝，长度为实施保险长度的1.5～2倍。 （2）将保险丝穿入保险孔后对折成两股，用孔出口的一头压住另一头，而后打结（穿丝压绕丝），结必须打在保险丝的出口，结的第一扣角度为120°。 （3）以60°的角度继续编结保险丝，编结过程要保持拉紧保险丝。当所编结的辫子末端距一个螺母的距离小于3 mm时即可停止编结。 （4）将在上面的一头穿入螺母孔后，以80°的角度继续编结，最后留3～6个花作为收尾，多余的部分剪掉。 （5）收尾段顺保险丝的走向弯曲即可。 （6）检查：再次确认拆卸螺母前拆除的旧保险及本次保险作业剪切下的保险丝已经从发动机上清除；保险旋向正确（是将螺栓向紧的方拉）；完成的保险没有损伤		
6．按5的工序分别： （1）进行2点相连的双丝保险； （2）进行3点相连的双丝保险； （3）进行对穿孔的两点双丝和三点双丝保险		
7．单股保险丝保险： 将螺母上的保险丝保险完整地拆下来。 注意：拆卸时注意防止保险丝掉入部件。 （1）清洁螺母表面及周围，检查周围情况。 （2）选择合适的保险丝，并剪切一段保险丝，选择合适的长度。 （3）单根保险串联时注意保险丝穿孔的走向，串联的螺钉数以保险丝长24 in为限。 （4）单根保险丝结尾长度应为0.25～0.5 in，要求不少于4个花		
结束工作	工作者	检查者
清点、检查和维护工具，清扫和整理现场		

任务三　开口销保险

【学习任务】

　　本任务主要学习航空维修中常用的开口销保险的施工方法与注意事项等基本知识及操作技能，让学员能够正确选择和使用工具进行不同种类的开口销保险的施工，能够正确使用开口销保险进行相关维修工作。

【学习目标】

1. 知识目标

　　（1）熟悉横向开口销保险的施工方法与注意事项；
　　（2）熟悉纵向开口销保险的施工方法与注意事项。

2. 能力目标

　　（1）进行横向开口销保险施工；
　　（2）进行纵向开口销保险施工。

3. 素质目标

　　（1）养成严谨的航空维修工作作风；
　　（2）养成良好的工作习惯；
　　（3）具备严谨、细心、追求高效的职业素质；
　　（4）养成对待工作一丝不苟、精益求精的职业精神。

【学习内容】

　　开口销保险是飞行器维修中常见的保险之一，常见开口销保险分为纵向保险和横向保险，如图2-62所示。一般应用于杆身钻孔的螺栓和槽头螺母相配套的紧固件连接中。

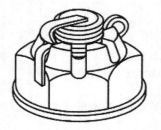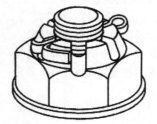

图 2-62　纵向保险和横向保险

一、开口销保险法的基本原则

（1）开口销直径选择要合适，穿入后有一定摩擦力，其直径一般为孔径的 80% ～ 90%；

（2）穿开口销时，一般规则：从（航空器）前向后穿，从上向下穿，如图 2-63 所示；

图 2-63　穿开口销的一般规则

（3）弯在螺母顶上的开口销尾端不能超出螺栓直径（长出部分可以剪掉）；

（4）贴在螺母侧的开口销尾端不能过长，以免碰到垫圈表面。长出部分可以剪掉，剪掉时要用手遮挡，防止飞溅到眼睛；

（5）如采用横向保险的形式，保持开口销的两尾端贴近在螺母侧面上；

（6）开口销尾端应保持相当的弯曲弧度，陡折弯角会导致断裂。用木榔头敲弯成形是最佳施工法；

（7）每次工作必须使用新的开口销，开口销不得重复使用。

二、开口销保险的施工方法

（1）对正保险孔。为了便于观察，可预先在螺杆上对正开口销孔处做一记号，当螺母拧到规定紧度后，检查螺杆上的开口销孔与螺母的缺口是否对正。如果螺母的紧度合适，但开口销孔并未对正，应用更换垫圈的方法使孔对正。禁止用拧松螺母的方法使孔对正。禁止用欠力矩或超力矩的方法使孔对正。螺母槽上保险孔的位置如图 2-64 所示。

图 2-64　螺母槽上保险孔的位置

（2）插开口销。选择与螺杆孔孔径大致相同的开口销插入螺杆孔，为了插得牢靠，可轻敲开口销的头部。

（3）分开、打牢开口销。

三、开口销保险的保险方式

开口销保险的保险方式可分为横向开口销保险和纵向开口销保险。

1. 横向开口销保险

横向开口销保险的打法如图 2-65 所示。

 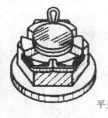 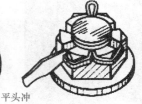 

平头冲

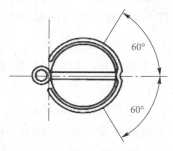

图 2-65　横向开口销保险的打法

　　将开口销插入孔内，把头部推到紧贴螺母缺口，将开口销尾部沿螺母棱面向两侧分开，如图 2-66 所示。再切除开口销在螺母外侧的多余部分，如图 2-67 所示。然后用铁柄螺钉旋具将开口销的尾部分别打入螺母的两个缺口，注意打紧时，应防止平头冲损伤螺母或螺纹，如图 2-68 所示。打好后，用手轻轻拨动开口销的尾部，尾部不应翘起或晃动，保险才算合格，如图 2-69 所示。

图 2-66　横向开口销尾部预留示意　　　　图 2-67　横向开口销尾部分开示意

图 2-68　横向开口销的打紧

图 2-69　横向开口销保险

在较狭窄的部位，如果用上述保险方法不便操作，也可先将开口销的尾部用钳子弯成钩形，再压入螺母的缺口，但必须保证保险的质量合格。

2. 纵向开口销保险

纵向开口销保险的打法如图 2-70 所示。

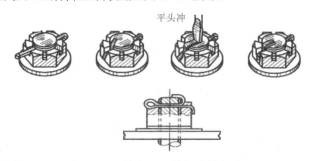

平头冲

图 2-70　纵向开口销保险的打法

纵向开口销的施工

将开口销插入保险孔，把尾部置于沿螺杆的轴线方向（俗称上下分），并分别紧贴在螺杆的端面和螺母边上，如图 2-71 所示。螺杆端面的开口销尾端长度超过螺杆半径且小于螺杆直径，切去多余部分。螺母边上的开口销尾端长度以不触及螺母垫片为准，如图 2-72 所示。然后用铜芯棒或铝芯棒将开口销的尾部分别打紧贴靠到螺栓的端面和螺母的棱面上，如图 2-73 所示。打好后，用手轻轻拨动开口销的尾部，尾部不应翘起或晃动，保险才算合格，如图 2-74 所示。

图 2-71　纵向开口销尾部分开示意

图 2-72　纵向开口销尾部预留长度

图 2-73　纵向开口销的打紧　　　　　　　图 2-74　打好的纵向开口销

■ 四、开口销的拆除

（1）拆除开口销时，应首先将尾端尽量弯直，再用尖嘴钳夹住环眼向外拔，这样拆下的开口销仍是完整的一根，如图 2-75 所示；

图 2-75　开口销的拆除

（2）注意不可用力过猛，以免造成人身伤害或损伤航空器；

（3）切忌图方便将尾端剪断，因为当开口销日久生锈或螺母有松动趋势时，开口销会非常难拔出，当不能从环眼一端拔出时，还可以从另一端拔出；

（4）若腐蚀可渗透煤油、渗透剂、除锈剂等；

（5）在剪断开口销时，应采取措施避免开口销断头飞出伤人或掉入航空器内部；

（6）工具和开口销必须放在托盘内，而不得直接放在航空器上。

工卡标题	紧固件拆装与开口销保险		工卡编号	2-3-3
工作区域			实训日期	
版本	R0		工时	90 min
任务描述	对照工具清单按要求进行工具的清点和检查，正确地选用工具进行横向开口销、纵向开口销保险的操作；掌握横向开口销、纵向开口销的施工方法及注意事项。考核结束时，需提交工卡			
注意事项	1．严格遵守操作规程； 2．注意安全，严禁违规作业； 3．保持环境卫生			

类别	名称	规格型号	单位	数量	工作者	检查者
工具、量具	标准工具箱	常规	个	1		
	橡胶榔头		把	1		
	力矩扳手	10～50 N·m	把	1		
	套筒		套	1		
	铜/铝芯棒	4寸	根	1		
	工具盘		个	1		
	扁铲		把	1		
设备	保险练习架		台	1		
	WP-6		台	1		
耗材	开口销		个	按需		

工作步骤	工作者	检查者
1．准备相关工具与耗材： （1）到工具房领取工具； （2）检查工具情况，应外表完好无损伤，功能正常； （3）领取耗材； （4）办理好领取手续		
2．开口销保险的拆除： （1）用尖嘴钳将开口销尾端尽量夹直； （2）用尖嘴钳夹住环眼向外拔，将开口销完全拆除； （3）使用合适的扳手将螺母拆下		

工作步骤	工作者	检查者
3．安装紧固件： 安装螺母，对螺母按（15±5）N·m 力矩拧紧。 （1）检查力矩的计量日期、计量单位、计量量程。 （2）使用的力矩值应处于力矩扳手的量程中间，以减少误差。 （3）对螺母按 10 N·m 的力矩拧紧，观察螺母上面的槽与螺杆上的孔是否对准。如对准，则可进行下一步操作。 （4）如未对准，则逐步增大拧紧力矩，使螺母上面的槽与螺杆上的孔对准。拧紧力矩最大不超过 20 N·m。 （5）如拧紧力矩超过 20 N·m 还未使螺母上面的槽与螺杆上的孔对准，则视情况通过调整垫片的方法使其对准		
4．选择合适的开口销插入保险孔： （1）开口销直径选择要合适，穿入后有一定摩擦力，其直径一般为孔径的 80% ～ 90%； （2）穿开口销时，一般规则是从（航空器）前向后穿，从上向下穿		
5．横向开口销保险的施工： （1）将开口销插入保险孔，把头部推到紧贴螺母缺口。 （2）将开口销尾部沿螺母棱面向两侧分开，用剪钳切除开口销在螺母外侧的多余部分。 （3）用扁冲将开口销的尾部分别打入螺母的两个缺口。打紧时，应防止扁冲损伤螺母或螺纹。 （4）打好后，用手轻轻拨动开口销的尾部，尾部没有翘起或晃动，保险才算合格		
6．纵向开口销保险的施工： （1）将开口销插入保险孔，把头部推到紧贴螺母缺口。 （2）把尾部沿螺杆的轴线方向分开（俗称上下分），并分别紧贴在螺杆的端面和螺母边上，螺杆端面的开口销尾端长度不超过螺杆直径的 1/2，切除多余部分。螺母边上以开口销尾端长度不触及螺母垫圈为准。 （3）使用铜芯棒或者铝芯棒将开口销的尾部分别贴紧螺栓端面或者螺母的棱边。 （4）打好后，用手轻轻拨动开口销的尾部，尾部没有翘起或晃动，保险才算合格		
结束工作	工作者	检查者
清点、检查和维护工具，清扫和整理现场		

任务四　锁片保险

【学习任务】

本任务主要学习航空维修中常用的锁片保险的施工方法与注意事项等基本知识及操作技能，让学员能够正确选择和使用工具进行不同种类的锁片保险的施工，能够正确使用锁片保险进行相关维修工作。

【学习目标】

1. 知识目标

（1）熟悉单孔锁片保险的施工方法与注意事项；

（2）熟悉多孔锁片保险的施工方法与注意事项。

2. 能力目标

（1）进行单孔锁片保险施工；

（2）进行多孔锁片保险施工。

3. 素质目标

（1）养成严谨的航空维修工作作风；

（2）养成良好的工作习惯；

（3）具备严谨、细心、追求高效的职业素质；

（4）养成对待工作一丝不苟、精益求精的职业精神。

【学习内容】

锁片保险常用在温度变化较大或受力较大的地方。锁片形式多样，如图 2-76 所示。锁片只能一次性使用，每次装配时必须使用新的锁片。

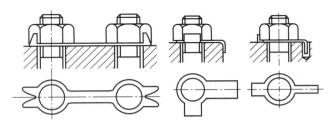

图 2-76　锁片保险

■ 一、锁片保险的基本方法

（1）在使用前，可预先将锁片的锁尖和尾端向所需方向弯曲一定角度。

注意：预弯角度一般不大于 30°。

（2）将锁片套入紧固件，将锁片尾端贴紧部件的棱边垂直表面或插入定位孔，安装在机体转角表面位置时，锁尾的折弯处应在顶住转动的那一侧，紧固件拧紧后，锁尾应保证紧固件不向松动的方向转动，拧紧紧固件到规定力矩。

（3）将锁尖向紧固件棱面折弯并贴紧。

注意：带两个锁尖的锁片锁紧时，允许锁尖向螺母或螺栓一个或两个棱面上弯曲，不允许锁尖位于两个棱面的交接处，如图 2-77 所示；当螺母或螺栓相对的棱边 $S = 9$ mm 或小于 9 mm 时，锁尖必须锁在相邻的两个棱面上，如图 2-78 所示；当两个锁尖向一个棱边上折弯时，允许折弯的锁尖宽度超出棱边的宽度不大于 1.5 mm，同时允许锁尖凸出到紧固件的上部平面上，如图 2-79 所示。

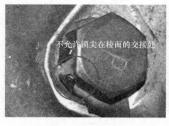

图 2-77　锁尖位于棱角处

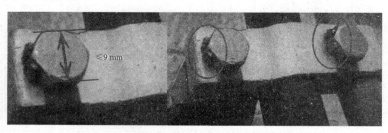

图 2-78　锁尖锁在相邻的两个棱面

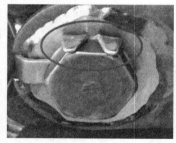

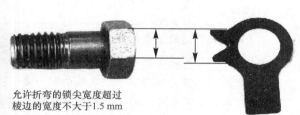

允许折弯的锁尖宽度超过
棱边的宽度不大于1.5 mm

图 2-79　锁尖锁在同一个棱面

（4）检查锁片保险的质量。应保证锁尖与棱边有最大的接触面积，锁尖已经弯曲到不会抖动或零件不会再松开；折弯处没有裂纹、剪切、错位；锁尖没有碰伤或压扁。

（5）锁片保险的拆除。首先使用榔头和錾子将锁片的锁尖与螺母分开，然后使用合适的扳手将螺母拆下，取出锁片并报废。

注意：禁止在未将锁片从螺母上分开时就使用扳手强行拧松螺母或螺栓进行拆除。

■ 二、锁片保险的类型

1. 直锁舌锁片

弯曲锁片上的所有锁舌，防止它被再次使用。直锁舌锁片安装如图 2-80 所示，至少有一个锁舌被充分弯曲以满足图中间隙的要求，且由舌片的基体测得的至少 75% 的舌片宽应与被锁定零件的平面弯曲贴合。

图 2-80　直锁舌锁片的安装

2. 预弯锁舌的凸舌型锁片

凸舌型锁片的安装如图 2-81 所示。在安装时允许弯曲预弯的舌片以满足视图中间隙的要求。对螺纹尺寸等于或小于 0.312 5 in 的紧固件的最大间隙是 0.010 in；对螺纹尺寸大于 0.312 5 in 的紧固件的最大间隙是 0.020 in。

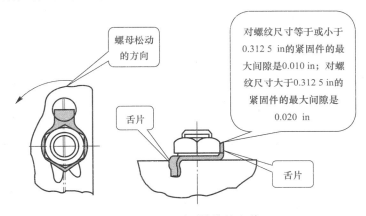

图 2-81　凸舌型锁片的安装

3. 椭圆锁片

为了安装椭圆锁片，应按图 2-82 所示将锁片向上弯曲至完全贴合在一个六角的整面上，并完全满足凸舌型锁片安装中的间隙的要求。

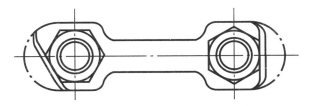

图 2-82　椭圆锁片的安装

4. 多孔锁片

对直锁片和椭圆锁片的要求同样适用于多孔锁片每个孔的所有锁舌。为防止内舌片断裂或出现任何损伤，通过标记锁片与相邻的非转动表面的相对位置的方法记录锁片的位置。使用手册中规定用金属标记碳笔（硬）做标记，使得在拧紧螺母时锁片的任何转动都能被显示出来。

工卡标题	紧固件拆装与锁片保险		工卡编号	2-3-4
工作区域			实训日期	
版本	R0		工时	90 min
任务描述	对照工具清单按要求进行工具的清点和检查，正确地选用工具进行单孔止动垫圈、多孔止动垫圈保险的操作；掌握单孔止动垫圈、多孔止动垫圈保险的施工方法及注意事项。考核结束时，需提交工卡			
注意事项	1. 严格遵守操作规程； 2. 注意安全，严禁违规作业； 3. 保持环境卫生			

类别	名称	规格型号	单位	数量	工作者	检查者
工具、量具	标准工具箱	常规	个	1		
	力矩扳手	10～50 N·m	把	1		
	套筒		套	1		
	铜/铝芯棒	4寸	根	1		
	工具盘		个	1		
	锁片钳		把	1		
	錾子		把	1		
设备	保险练习架		台	1		
	WP-6		台	1		
耗材	单孔锁片		个	按需		
	多孔锁片		个	按需		

工作步骤	工作者	检查者
1. 准备相关工具与耗材： （1）到工具房领取工具； （2）检查工具情况，应外表完好无损伤，功能正常； （3）领取耗材； （4）办理好领取手续		
2. 锁片保险的拆除： （1）使用榔头和錾子将锁片的锁尖与螺母分开； （2）使用合适的扳手将螺母拆下； （3）取出锁片并报废。 注意：禁止在未将锁片从螺母上分开时就使用扳手强行拧松螺母或螺栓进行拆除		

工作步骤	工作者	检查者
3．选择合适的锁片： 根据被保险的紧固件杆的直径尺寸选用合适的锁片。 注意：止动垫圈的孔径稍比螺杆直径大一些即可		
4．单孔锁片的施工： （1）在使用前，可预先将锁片的锁尖和尾端向所需方向弯曲一定角度。 注意：预弯角度一般不大于30°。 （2）将锁片套入紧固件，将锁片尾端贴紧部件的棱边垂直表面或插入定位孔，安装在机体转角表面位置时，锁尾的折弯处应在顶住转动的那一侧，紧固件拧紧后，锁尾应保证紧固件不向松动的方向转动，拧紧紧固件到规定力矩。 （3）将锁尖向紧固件棱面折弯并贴紧。 注意：带两个锁尖的锁片锁紧时，允许锁尖向螺母或螺栓一个或两个棱面上弯曲，不允许锁尖位于两个棱面的交接处；当螺母或螺栓相对的棱边 S 等于9 mm或小于9 mm时，锁尖必须锁在相邻的两个棱面上；当两个锁尖向一个棱边上折弯时，允许折弯的锁尖宽度超出棱边的宽度不大于1.5 mm。 （4）当锁片锁尖向紧固件同一个棱边上折弯时，允许折弯的锁尖的宽度超出棱边的宽度不大于1.5 mm，同时允许锁尖凸出到紧固件的上部平面上		
5．多孔锁片的施工： （1）在使用前，可预先将锁片的锁尖和尾端向所需方向弯曲一定角度。 注意：预弯角度一般不大于30°。 （2）将锁片套入紧固件，拧紧紧固件到规定力矩。 （3）将锁尖向紧固件棱面折弯并贴紧。 注意：带两个锁尖的锁片锁紧时，允许锁尖向螺母或螺栓一个或两个棱面上弯曲，不允许锁尖位于两个棱面的交接处；当螺母或螺栓相对的棱边 S 等于9 mm或小于9 mm时，锁尖必须锁在相邻的两个棱面上；当两个锁尖向一个棱边上折弯时，允许折弯的锁尖宽度超出棱边的宽度不大于1.5 mm。 （4）当锁片锁尖向紧固件同一个棱边上折弯时，允许折弯的锁尖的宽度超出棱边的宽度不大于1.5 mm，同时允许锁尖凸出到紧固件的上部平面上		
6．检查锁片保险的质量： （1）应保证锁尖与棱边有最大的接触面积，锁尖已经弯曲到不会抖动或零件不会再松开； （2）折弯处没有裂纹、剪切、错位； （3）锁尖没有碰伤或压扁		
结束工作	工作者	检查者
清点、检查和维护工具，清扫和整理现场		

任务五　弹簧卡环保险

📋 **【学习任务】**

本任务主要学习航空维修中常用的弹簧卡环保险的施工方法与注意事项等基本知识及操作技能，让学员能够正确选择和使用工具进行不同种类的弹簧卡环保险的施工，能够正确使用弹簧卡环保险进行相关维修工作。

◎ **【学习目标】**

1. 知识目标

（1）熟悉外卡环保险的施工方法与注意事项；
（2）熟悉内卡环保险的施工方法与注意事项。

2. 能力目标

（1）进行外卡环保险施工；
（2）进行内卡环保险施工。

3. 素质目标

（1）养成严谨的航空维修工作作风；
（2）养成良好的工作习惯；
（3）具备严谨、细心、追求高效的职业素质；
（4）养成对待工作一丝不苟、精益求精的职业精神。

📖 **【学习内容】**

弹簧卡环由弹性很好的金属制成，能牢靠地卡紧在槽沟内，起到保险作用，如图 2-83 所示。

图 2-83　弹簧卡环保险

弹簧卡环可分为外卡环和内卡环两种，如图 2-84 所示。外用型卡环用于锁在轴形或缸体外表的槽道上；内用型卡环则用于缸体的壁沟槽。

 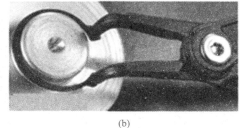

(a)   (b)

图 2-84 弹簧卡环保险

（a）内卡环；（b）外卡环

一、工具

卡环的一面较平，另一面为凸面，安装时，平面朝向需要紧固的机件。卡环的拆装使用专门设计的卡环钳，如图 2-85 所示。

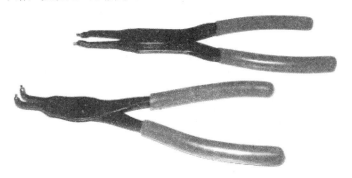

图 2-85 卡环钳

二、卡环的拆装方法及注意事项

（1）使用卡环钳时佩戴护目镜；

（2）拆装卡环使用专用的卡环钳；

（3）拆卸时，将卡环钳的两个尖端插入卡环的两个凸耳，压缩（内卡）或绷开（外卡）卡环，并保持住，直到把卡环从槽沟内取出，如图 2-86 所示；

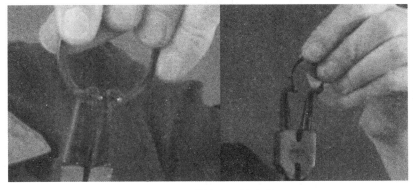

图 2-86 弹簧卡环的安装

（4）安装时，也是先将卡环压缩或绷开并保持，把它放入槽沟，松开卡环钳，用一字螺钉旋具转动卡环至少一圈，或者用专用塞尺测量卡环两凸耳间的距离符合手册规定，确保卡环进入槽沟，卡紧到位，如图 2-87 所示；

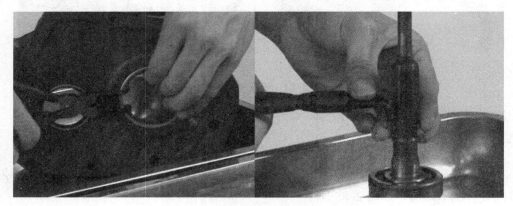

图 2-87　弹簧卡环在机件上的安装

（5）用卡环钳压缩或绷开卡环时，要用力均匀，并保证卡环钳的尖端有足够长度在卡环的凸耳，防止卡环弹出损伤工作者和机件；

（6）注意卡环的安装方向；

（7）损坏或弹性不好的卡环禁止使用；

（8）弹性卡圈的变形量越小越好，以能完成拆装卡圈为准。卡圈直径变形太大，会造成卡圈永久性变形，从而失去保险作用。

工卡标题	紧固件拆装与弹簧卡环保险		工卡编号	2-3-5
工作区域			实训日期	
版本	R0		工时	90 min
任务描述	对照工具清单按要求进行工具的清点和检查，正确地选用工具进行外卡环、内卡环保险的操作；掌握外卡环、内卡环保险的施工方法及注意事项。考核结束时，需提交工卡			
注意事项	1．严格遵守操作规程； 2．注意安全，严禁违规作业； 3．保持环境卫生			
类别	名称	规格型号	单位	数量	工作者	检查者
---	---	---	---	---	---	---
工具、量具	外卡环钳		把	1		
	内卡环钳		把	1		
	护目镜		副	1		
设备	发动机部件		台	1		

工作步骤	工作者	检查者
1．准备相关工具与耗材： （1）到工具房领取工具； （2）检查工具情况，应外表完好无损伤，功能正常； （3）领取耗材； （4）办理好领取手续		
2．弹簧卡环保险的拆除： （1）将卡环钳的两个尖端插入卡环的两个凸耳，绷开（压缩）外（内）卡环并保持住。 注意：用力要均匀，卡环的变形量越小越好，以能完成拆卸卡环为准。 （2）将卡环从槽沟内取出，取出时做好防护措施，避免卡环弹飞伤人或掉入机件内部		
3．弹簧卡环保险的安装： （1）将卡环钳的两个尖端插入卡环的两个凸耳，绷开（压缩）外（内）卡环并保持住。 注意：用力要均匀，卡环的变形量越小越好，以能完成安装卡环为准；做好防护措施，避免卡环弹飞伤人或掉入机件内部。 （2）将卡环装入槽沟内，松开卡环钳		
4．检查卡环保险的质量： 确保卡环的安装方向正确，用卡环钳转动卡环至少一圈，确保卡环进入槽沟，卡紧到位		

结束工作	工作者	检查者
清点、检查和维护工具，清扫和整理现场		

航空管路标准施工

【学习内容】

　　航空管路标准施工是航空维修工作中十分重要的一项工作，为了确保航空维修的工作质量、提高维修的工作效率，保证人员和装备的安全，在航空维修的工作过程中，维修人员必须能够使用相关工具和设备进行航空管路的施工。本模块主要介绍航空硬、软管路的相关知识、航空管路的制作、航空管路的拆装与测试等内容。

【学习目标】

1. 知识目标

　　（1）熟悉航空硬、软管路的识别基本知识；

　　（2）熟悉航空硬管喇叭口管接头的制作与测试方法；

　　（3）了解弯管的方法；

　　（4）熟悉航空管路的拆装与测试方法及其注意事项。

2. 能力目标

　　（1）识别不同的航空硬、软管路；

　　（2）掌握航空硬管喇叭口管接头的制作技能；

　　（3）掌握导管测试的技能；

　　（4）掌握航空导管拆装与测试的技能；

　　（5）熟悉导管的弯管。

3. 素质目标

　　（1）具有严谨认真的工作作风、吃苦耐劳的工作态度；

　　（2）具有较强的安全生产、环境保护、职业道德和团队合作意识；

　　（3）具有良好的心理素质，树立航空产品质量第一的意识。

【学习任务】

本项目通过学习航空管路的组成、应用、材料、尺寸、标识，以及航空管路接头的主要连接形式和航空管路的常见损伤等基本知识，完成航空管路的认知和实施检查等实训任务，让学员能够正确识别各种航空管路、检查航空管路的损伤。

【学习目标】

1. 知识目标

（1）了解航空硬管的组成及应用；

（2）熟悉航空管路的材料；

（3）熟悉航空管路的尺寸规格；

（4）熟悉航空管路的标识方法；

（5）熟悉航空管路接头的连接形式；

（6）掌握航空管路的常见损伤。

2. 能力目标

（1）区分不同管路的材料；

（2）区分不同系统的管路；

（3）检查航空管路的损伤。

3. 素质目标

（1）养成严谨的航空维修工作作风；

（2）养成工具三清点的良好工作习惯；

（3）树立安全生产、文明生产的责任意识。

【典型工作任务】

了解航空管路的组成及应用、区分航空管路的材料、认知飞机不同系统的航空管路。

【学习内容】

■ 一、航空管路的组成与应用

飞机管路系统（图 3-1）主要由管子、接头、管螺母、衬套、管卡等组成一个封闭的通道，以保证液体或气体在通道中流动和传递能量。

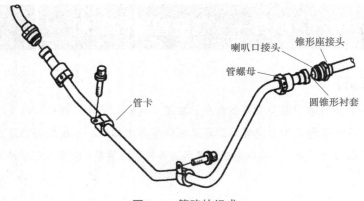

图 3-1　管路的组成

喇叭口接头
锥形座接头
管螺母
圆锥形衬套
管卡

飞机管路主要应用在飞机的空调系统（21）、燃油系统（28）、液压系统（29）、氧气系统（35）、污水／水（38）和滑油系统（79）等。

■ 二、航空管路的材料

航空管路包括航空硬管和航空软管。

（一）航空硬管的材料

航空硬管的材料主要有铝合金、不锈钢和钛合金三种。航空硬管的材料牌号和相应标准见表 3-1。

表 3-1　航空硬管材料牌号和标准

管路材料	BMS	MIL	其他
铝合金 6061-T4，6061-T6	—	WW-T-700/6T-7081	AMS4083
CRES 21-6-9	7-185	—	—
不锈钢 304-1/8 Hard	—	T-6845	AMS5566
不锈钢 304	—	T-8504	AMS5567
不锈钢 321	—	T-8808	AMS5556 AMS5557
钛合金 Ti 3Al-2.5 V	7-234		AMS4945

铝合金管质量轻、加工方便、具有一定的耐腐蚀性。其缺点是强度低、耐腐蚀性差。主要用于低压系统，如仪表管路和通风管路等。不锈钢管强度高、耐腐蚀性强，其缺点是质量重、加工困难，主要用于高压系统，如液压系统管路。钛合金管具有强度高、密度小、耐腐蚀性强、抗热性能和低温韧性好等特点，可在一定范围替代不锈钢管，通常用于 400 ℃以下工作的管路。

警告：不要使用钛合金管修理氧气管路，钛合金能引起着火或对人员造成伤害。

（二）航空硬管材料的替代

通常使用相同材料的管子对航空管路进行修理。一般情况下，不建议使用替代管材进行航空管路的维修工作。如果实在没有相同材料的金属管材，也可以使用不同材料的金属管材进行替代。这时候，要遵循用高强度的金属管材替代低强度的金属管材的原则进行替换。绝对不能用强度低的金属管材替代强度高的金属管材进行航空管路的维修工作。一般替代的原则如下：

（1）可用不锈钢管路替换铝合金管路，但需要做好标记。

（2）可用 6061-T6 铝合金管路修理 6061-T4 铝合金管路，但不能用 6061-T4 铝合金管路修理或替代 6061-T6 铝合金管路。

（3）可用 304-1/8Hard 或 CRES21-6-9 不锈钢管路替换修理钛合金管路，也可用 304-1/8Hard 不锈钢管路替换或修理 CRES21-6-9 不锈钢管路。当新管路制作好后替代原来的管路组件，新管路应做类似但不同于原管路的件号标记。

（4）CRES21-6-9 不锈钢管路可用 Ti3Al-2.5 V 钛合金管路（除吊架外）进行修理。

不同的飞机维修手册（AMM）中对管材替代的限制是不同的，在确认管材的替代前必须查阅 AMM 中相关的章节以确认其替代关系。

注意：如果是用不锈钢管路修理铝合金或钛合金管路，应考虑质量补偿。

（三）航空软管材料

软管材料主要使用丁腈橡胶、氯丁橡胶、异丁橡胶和特氟隆（聚四氟乙烯）。

（1）丁腈橡胶是一种合成橡胶化合物，具有极好的耐石油性能，但对磷酸酯基液压油不适用。

（2）氯丁橡胶对石油产品的耐力不如丁腈橡胶，但有更好的抗腐蚀性能，也不能用于磷酸酯基液压油。

（3）异丁橡胶是一种由原油制成的合成橡胶，是适用磷酸酯基液压油的合成橡胶，但是不能与石油产品一同使用。

（4）特氟隆适用绝大多数的工作介质，并且储存和使用寿命无限制。特氟隆软管可经加工挤压成所需要的尺寸和形状，其上覆盖有编织的不锈钢丝来加强和保护。

三、航空管路的尺寸

航空硬管和软管的尺寸规格不完全一样。

（一）航空硬管的尺寸

航空硬管的尺寸标识有公制和英制之分。

公制有两种表示方法：一种是以管子的外径乘以内径表示。例如，8×6 的管子是指管子的外径尺寸为 8 mm，内径尺寸为 6 mm；另一种是以管子的外径乘以壁厚表示，例如，8×1 的管子是指管子的外径尺寸为 8 mm，管子的壁厚为 1 mm。

英制硬管是以管子的外径尺寸（OD）为基准，以 1/16 in 为单位递增或递减。例如，7 号管子表示管子的外径尺寸为 7/16 in。同一外径的管路可有多种壁厚，因此在安装管路时，不仅要知道管子的外径，还要知道该管子的壁厚。

典型液压管路的尺寸规格见表 3-2。

表 3-2 典型液压管路的尺寸规格

管子外径		壁厚					
		不锈钢 CRES21-6-9		铝合金 6061-T6		钛合金 Ti3Al-2.5 V	
in	mm	in	mm	in	mm	in	mm
1/4	6.35	0.016	0.41	0.035	0.89	0.016	0.40
3/8	9.53	0.020	0.51	0.035	0.89	0.019	0.48
1/2	12.70	0.026	0.66	0.035	0.89	0.026	0.66
5/8	15.88	0.033	0.84	0.035	0.89	0.032	0.81
3/4	19.05	0.039	0.99	0.035	0.89	0.039	0.99
1	25.40	0.052	1.32	0.048	1.22	0.051	1.30
1¹ᐟ⁴	31.75	0.024	0.61	0.035	0.89		
1¹ᐟ²	38.10	0.024	0.61				

（二）航空软管的尺寸

英制软管是以管子的内径（ID）为基准，以 1/16 in 为单位递增或递减。为加强软管的强度，软管内常加有纤维或金属丝，如图 3-2 所示。软管结构的适用压力及加固措施见表 3-3。

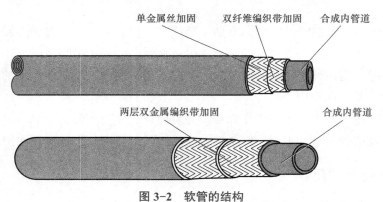

图 3-2 软管的结构

表 3-3 软管结构的适用压力及加固措施

适应压力	压力范围	加固措施
低压	< 250 psi[①]	纤维编织加固
中压	< 1 500 psi（较大尺寸） < 3 000 psi（较小尺寸）	一层金属编织加固
高压	≥ 3 000 psi	多层金属编织加固

---

① 1 psi（1 bf/in²）≈ 6.894 8 kPa。

四、航空管路的标识

飞机上有许多用途不同的导管，错综复杂，为了便于装配、检修，确保飞行安全，每种系统的导管都用明显的标志来表示。维修人员在进行飞机管路维护时，必须正确识别管路标记。

（一）欧美航空管路的标识

欧美航空管路的标识一般借助彩色带、代号、英文说明词和几何符号等组成的标记来进行标识。常用色带和印花图案缠绕在硬管管路端头，这些标识表明各个管路的功能和流体介质等，如图 3-3 所示。

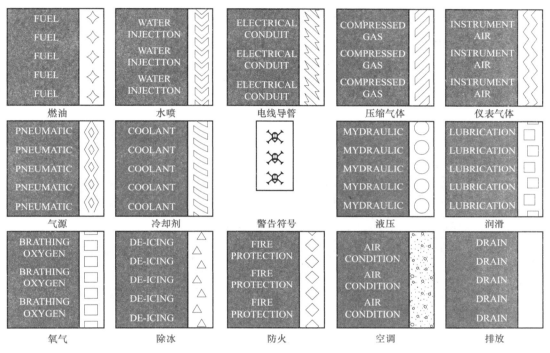

燃油	水喷	电线导管	压缩气体	仪表气体
气源	冷却剂	警告符号	液压	润滑
氧气	除冰	防火	空调	排放

图 3-3 管路的标识

除上述标记外，航空管路还有可能对其系统内工作介质的特殊功能做进一步的标记，如 DRAIN（排放）、VENT（通气）、PRESSURE（压力）、RETURN（回油）等。输送燃油的管路有些标有 FLAM（易燃）字样，容纳有毒物质的管路一般都标有 TOXIC（有毒）字样，含有危险物质，如氧、氮、氟利昂等的管路一般都标有 PHPAN（危险）字样。

1. 燃油管路的标识

燃油管路的标识如图 3-4 所示。其特征是红底黑字，白色带上有四角星符号，外观橡胶覆盖。

2. 液压管路的标识

液压管路的标识如图 3-5 所示。其特征是蓝黄底黑字，白色带上有实心/空心圆符号。实心圆为供油管；空心圆为回油管。在蓝黄底上还有油液流动方向和所属系统功能。

图 3-4 燃油管路的标识

109

3．滑油管路的标识

滑油管路的标识如图 3-6 所示。其特征是黄底黑字，白色带上有黄底黑色交错正方形符号。

图 3-5　液压管路的标识　　　　图 3-6　滑油管路的标识

4．气源管路的标识

气源管路的标识如图 3-7 所示。其特征是橙蓝底黑字，白色带上有连续交叉符号。

5．压缩空气管路的标识

压缩空气管路的标识如图 3-8 所示。其特征是橙底黑字，白色带上有粗体斜杠符号，外观白色漆面。

图 3-7　气源管路的标识　　　　图 3-8　压缩空气管路的标识

（二）国内军用航空管路的标识

1．主液压系统的管路

主液压系统的管路全部为灰色，系统各部分的导管上每隔一定的距离还涂有不同的色圈标志。

（1）供压部分的高压导管：黑－黑－黑。

（2）供压部分的回油导管：无色圈。

（3）放起落架的导管：蓝－红－蓝。

（4）收起落架的导管：蓝－白－蓝。

（5）放轮舱盖的导管：浅蓝－红－浅蓝。

（6）收轮舱盖的导管：浅蓝－黄－浅蓝。

（7）放襟翼到起飞位置的导管：黄－绿－黄。

（8）放襟翼到着陆位置的导管：黄－红－黄。

（9）收襟翼的导管：黄－白－黄。

（10）放减速板的导管：绿－红－绿。

（11）收减速板的导管：绿－白－绿。

（12）放可调喷口至"加力"工作状态的导管：棕－红－棕。

（13）放可调喷口至"额定"工作状态的导管：棕－绿－棕。

（14）放可调喷口至"最大"工作状态的导管：棕－黄－棕。

2．助力液压系统的导管

助力液压系统的导管全部为绿色，其各部分的色圈标志如下：

（1）供压部分的高压导管：黑－黑－黑。

（2）供压部分的回油导管：无色圈。

3．冷气系统的导管

冷气系统的导管全部为黑色，其各部分的色圈标志如下：

（1）高压管路：无色圈。

（2）低压管路（由50减压器到各工作附件前）：灰－灰－灰。

（3）正常刹车部分管路：白－白－白。

（4）应急刹车部分管路：白－红－白。

（5）支柱冷气瓶充气管路：红－红－红。

（6）应急放起落架部分管路：红－蓝－红。

（7）襟翼冷气瓶充气管路：红。

（8）应急放襟翼部分管路：红－黄－红。

（9）助抛活动座舱盖部分管路：红－红－红－红。

（10）着陆减速伞部分管路：白－绿－白。

（11）燃料开关部分管路：无色圈。

（12）机关炮装弹部分管路：白－白。

4．其他系统的导管

（1）滑油系统的导管：全部为褐色。

（2）煤油系统的导管：全部为黄色。

（3）增压系统的导管：全部为黑色（其导管直径较冷气导管的直径大）。

（4）氧气系统的导管：全部为天蓝色。

（5）灭火系统的导管：全部为红色。

（6）防冰系统的导管：全部为白色。

（三）橡胶软管的标识

橡胶软管的标识是在软管的外表面上印有指示线、字母、文字和数字等。其中，指示线用于软管安装时检查软管是否发生扭转现象，字母、文字和数字等标识软管的尺寸、制造厂家、制造日期及适用的压力和温度极限等。

需要注意的是，软管的使用年限是以制造日期开始计算的，而不是从安装到飞机上来的日期开始计算的。除特氟隆软管外，软管的使用年限一般都比较短，内管材料成形后随着时间的延长，软管会变硬、变脆。因此，在更换软管时要注意软管的有效使用期还剩下多少。

■ 五、管路接头

管路接头是用于将一段管路连接到另一段管路或系统部件上的机件，除连接功能外，还有密封、分流、管路换向、控制等作用。常用的管路接头主要有喇叭口接头、无喇叭口接头、波式接头、快卸式接头和软管接头等。

（一）喇叭口（扩口式）接头

喇叭口接头由衬套、喇叭口和管螺母组成，如图 3-9 所示。管螺母套在衬套上，拧紧螺母时带动衬套和管路喇叭口紧贴于插入式接头，以形成封严。应当注意，衬套、喇叭口和管螺母应使用相同的金属，避免接触时引起腐蚀。这种连接方式适用于中、低压力管路系统。

（二）无喇叭口接头

无喇叭口接头由衬套、接头和管螺母组成，如图 3-10 所示。无喇叭口接头适用于中、高压力管路系统。

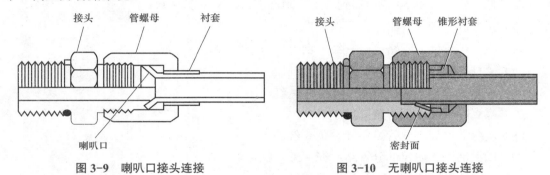

图 3-9　喇叭口接头连接　　　　图 3-10　无喇叭口接头连接

（三）波式接头

波式接头一般是用一段软管连接两根硬管，如图 3-11 所示。波式接头常用于连接润滑油、冷却剂和低压燃油系统的管路。

图 3-11　波式接头连接

波式接头的特点是连接时对中要求较低，其连接的要求如图 3-12 所示。连接的两硬管中心偏移允许最大不超过 1/16 in，两硬管中心轴线偏斜允许最大不超过 3°，并且能够在一定程度上降低振动的传递。

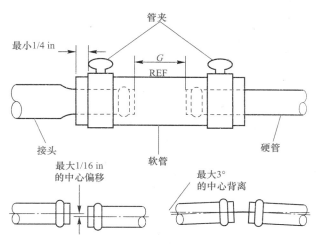

图 3-12　波式接头连接要求

（四）快卸式接头

快卸式接头又称自封活门，是由两个接头和内部弹簧控制活门组成的，如图 3-13 所示，适用高、中、低压管路系统。这种接头连接形式的主要优点是在维护过程中可以迅速拆开管路而不用放液体，因为只要拆开接头，接头的活门就自动关闭，连接时只要接头安装到位活门就打开。快卸式接头管路如有渗漏，需通过修理活门来进行修复。

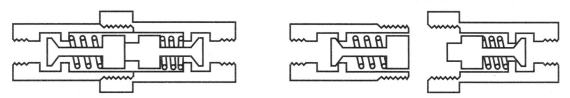

图 3-13　快卸式接头连接

（五）软管接头

软管接头用于橡胶软管的连接，可分为挤压式接头和装配式接头两种。

1．挤压式接头

挤压式接头如图 3-14 所示。接头一次加工成型，不可更换。这种接头的质量较高，适用于大飞机。

2．装配式接头

装配式接头由螺母、螺纹接头、管套组成，如图 3-15 所示。接头可以更换，人工组装成形，这种接头的装配质量由加工者的技术决定，主要适用于小飞机。

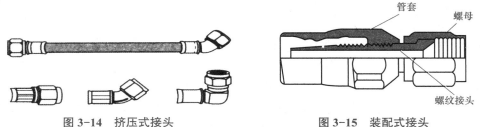

图 3-14　挤压式接头　　　　图 3-15　装配式接头

■ 六、金属导管的损伤

（一）损伤现象
金属导管在使用过程中常见的损坏现象有磨损、压坑、裂纹、锈蚀和喇叭口损坏等。

（二）损伤原因
造成金属导管损伤的原因主要有以下几个方面。

1. 固定不良

导管在工作中，不可避免地会受到飞机或发动机振动的影响而产生振动，这种振动将使导管发生弯曲变形，叫作弯曲振动。弯曲振动的振幅（弯曲变形量的大小）和频率（单位时间弯曲振动的次数）与导管的刚度有关。导管的刚度大，则振幅小、频率高；导管的刚度小，则振幅大、频率低。导管的刚度与导管的固定情况（导管卡子的松紧程度和卡子间的距离）有密切关系。导管卡子松动，减振橡皮垫损坏或两个卡子间的距离增大，会增大导管弯曲振动的振幅，并降低导管的振动频率，甚至可能引起共振，使振幅急剧增大，这时，导管固定部位附近由于弯曲振动产生的变形和应力最大，极容易产生横向裂纹。导管或附件的卡子（卡箍）松动后，导管的位置将发生移动，在剧烈振动下，导管可能与邻近的机件发生摩擦，使导管磨损。导管磨损后，局部管壁变薄，强度降低，易于损坏。根据试验，管壁厚度为 1 mm，当磨损深度为 0.3 mm 时，导管截面应力将增大 1.4 倍以上，材料强度下降 30%。

2. 弯曲过度与扭转

飞机上的导管弯曲是不可避免的。导管的正常弯曲对强度影响很小，但不正常弯曲就会使导管损伤。不正常弯曲一般有两种情况：一是弯曲半径过小，使导管过度变形，管壁厚薄变化较大，管壁变薄的地方，强度降低；二是导管弯曲不当或有扭转，使弯曲或扭转部位的截面椭圆度过大，工作中，导管在液压的作用下，力图恢复原来的形状，这时，在管壁曲率最大部位的变形量和应力最大，因而在该处容易出现纵向裂纹。

3. 系统压力脉动或卸荷频繁

系统压力脉动或卸荷频繁，使系统压力变化频率增大，导管反复扩张与收缩加剧。当系统压力脉动很剧烈时，导管就容易出现疲劳裂纹，这种裂纹的方向一般是横向的。

4. 保护层损伤

导管与邻近机件碰撞、摩擦或受到其他损伤时，导管外表的保护层就会损坏；系统内部进入砂土、机械杂质，则会磨损导管内表面的保护层；水分及油类也能使油漆层泡胀以致剥落。导管的保护层破坏后，管壁容易被腐蚀而强度降低，易于损坏。

5. 安装不正确

安装导管时，如果导管接头没有对正，就会使螺母与衬套之间的摩擦力增大，使衬套随着螺母一起转动，磨坏导管端部或拧坏螺纹。拧紧螺母时用力过大，会挤裂喇叭口或使喇叭口部分的厚度变薄，强度降低，在工作中易于裂纹。

另外，经常拆装的翼根、炮舱、发动机等处的导管，往往由于工作中不注意而容易被撞伤。导管撞伤后，强度降低，在工作中容易破裂。

工卡标题	航空管路的识别和规格		工卡编号		3-1
工作区域			实训日期		
版本	R0		工时		60 min
任务描述	对照工具清单按要求进行工具的清点和检查，正确区分管路的材料、识别各系统管路，测量并确定管路的规格。考核结束时，需提交工卡				
注意事项	1. 严格遵守操作规程； 2. 注意安全，严禁违规作业； 3. 保持环境卫生				
类别	名称	规格型号	单位	数量	工作者	检查者
工具、量具	标准工具箱		个	1		
	游标卡尺	0 ~ 200 mm	把	1		
	橡胶手套		双	1		
	抹布		条	1		
	警告牌 / 警示牌		个	按需		
耗材	航空硬管		根	按需		
	航空软管		根	按需		

工作步骤	工作者	检查者
1. 对照工具清单清点工具		
2. 回答问题：航空管路的材料有哪些		
3. 识别航空管路的材料		
4. 回答问题：航空管路是如何进行标识的		
5. 识别各系统航空管路		
6. 回答问题：航空管路的尺寸规格是如何规定的		
7. 测量管路的尺寸并确定管路的规格		
结束工作	工作者	检查者
清点、检查和维护工具，清扫和整理现场		

项目二　航空管路的制作

【学习任务】

本项目通过学习航空管路喇叭口的制作和航空管路的弯管成型的方法与要求，完成航空管路的制作等实训任务，让学员能够进一步认识航空管路、了解弯管的要求，掌握航空管路喇叭口的质量检查要求。

【学习目标】

1. 知识目标

（1）熟悉航空硬管喇叭口管接头的制作与测试方法；

（2）了解弯管的方法。

2. 能力目标

（1）掌握航空硬管喇叭口管接头的制作技能；

（2）掌握导管测试的技能；

（3）熟悉导管的弯管。

3. 素质目标

（1）具有严谨认真的工作作风、吃苦耐劳的工作态度；

（2）具有较强的安全生产、环境保护、职业道德和团队合作意识；

（3）具有良好的心理素质，树立航空产品质量第一的意识。

【典型工作任务】

飞机上某根航空导管损坏，根据损坏的导管制作一根相应的航空导管，检查制作导管的质量并进行密封性测试。

任务一　航空导管的制作

【学习任务】

本任务通过学习带喇叭口航空硬管的制作与测试，让学员熟悉航空硬管的组成，掌握喇叭口的成型方法和航空导管的制作等基本操作技能。

【学习目标】

1．知识目标

（1）掌握喇叭口的成型方法；

（2）掌握喇叭口接头航空导管的制作方法；

（3）熟悉扩口工具和设备的使用方法；

（4）掌握航空管路的质量检查方法和要求。

2．能力目标

（1）用手工工具正确成型喇叭口；

（2）用扩口机成型喇叭口；

（3）制作完整的航空导管。

3．素质目标

（1）养成航空维修严谨的工作作风；

（2）养成工具三清点的良好工作习惯。

【典型工作任务】

> 用扩口器和扩口机制作成型带喇叭口的导管，并用试验设备检查制作导管的密封性。

【学习内容】

一、喇叭口接头航空导管的制作

喇叭口接头航空导管如图3-16所示。其主要由导管、衬套、管螺母和喇叭口等组成。

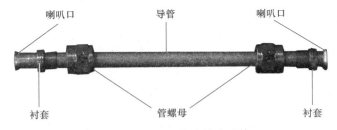

图 3-16　喇叭口接头航空导管

带喇叭口接头导管的
制作与测试

喇叭口接头航空导管的制作流程如下：

（1）确定下料的长度；

（2）切管；

（3）锉修端面和去除内外毛刺；

（4）扩口；

（5）质量检查；

（6）测试。

（一）确定下料的长度

制作导管时，首先应确定好导管的下料长度。导管的下料长度，一般为制作导管的长度，加上导管两头喇叭口扩口成型时的变化长度（一头喇叭口成型的变化长度约为1.5 mm），再加上锉修端面的长度。

（二）切管

切管有手锯切管（图 3-17）和切管器切管（图 3-18）两种方式。

使用切管器切管时吃力不宜太深，也就是进刀不宜太快，以免切口变形。使用时工作者面向切管器的刀口，右手握住切管器的球形把手，切管器的旋转方向最好是如图 3-18所示的方向，切管时每旋转一圈后再拧紧球形把手使其进刀，当感觉管子快要切断时进刀量要很小，以提防切管器与管子掉落损坏。

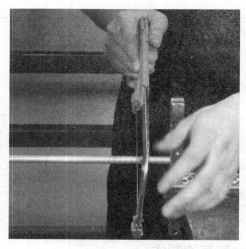

图 3-17　手锯切管

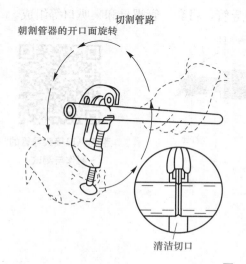

切割管路

朝割管器的开口面旋转

清洁切口

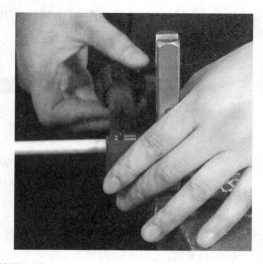

图 3-18　切管器切管

（三）锉修端面和去除内外毛刺

切管后需用锉刀锉修导管的端面，确保导管的端面平直且与导管的轴线垂直，如图 3-19 所示。

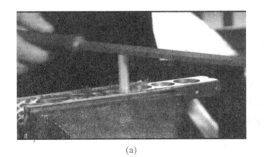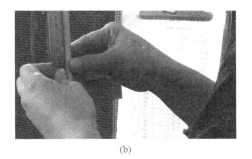

（a）　　　　　　　　　　　　　　　　（b）

图 3-19　锉修端面

（a）用锉刀将导管的端面锉平直；（b）确保导管的端面与导管的轴线垂直

用锉刀去除导管端面外部的毛刺，用刮刀、内孔铰刀或切管器上的三角形刮刀等工具去除管口内的边缘毛刺，如图 3-20 所示。注意在去除导管内外毛刺时不能损伤到管子的壁厚。

图 3-20　去除毛刺

（四）扩口

扩口方式有手工扩口和扩口机扩口两种。

1．手工扩口

手工扩口工具如图 3-21 所示。手工扩口工具由两半钢模组成，模上有几个常用的标准管径的圆槽槽口，做成喇叭口的角度。手工扩口方法一般只适用于铝管或铜管喇叭口的加工成型。

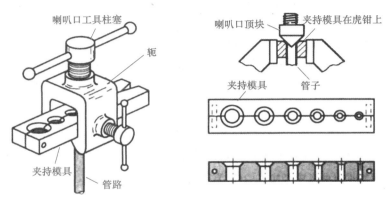

图 3-21　手工扩口工具

119

使用手工扩口工具扩口步骤如下：

（1）清洁管口及内部（制作喇叭口所需要的那部分），套上衬套、管螺母，将管子伸进工具合适的直径（注意方向不能反）。

（2）管子露出工具表面大约一个硬币的厚度（对于管壁较厚的管，也可以用一个管壁的厚度），然后把管子夹紧。

（3）擦拭干净工具锥头，然后在锥头处涂上润滑油。

（4）旋转锥头手柄直到锥头与管子接触，然后每旋转手柄一圈用木槌轻敲击手柄头部一下（要注意的是喇叭口是在制作过程中挤压出来的，而不是敲出来的）。

（5）每转一圈注意观察外管壁，当外管壁接触到工具的锥形面上时，再拧手柄 1/8 ～ 1/6 圈。特别注意最后一次的动作必须是拧手柄，不允许是敲击。

（6）从扩口工具上拆下硬管，检查接头。

2．扩口机扩口

扩口机如图 3-22 所示。夹头内装有扩口模，导管装夹在扩口模内，通过手轮压紧，然后启动电动机，让扩口锥头转动，通过旋转进给手柄慢慢移动扩口锥头，使扩口锥头将导管压上并进行扩口。为提高扩口质量，扩口时应在扩口锥头上滴油，同时应根据导管的材料调整好电动机的转速。这种方法制成的喇叭口精度和表面质量都很高，喇叭口成型速度也快。

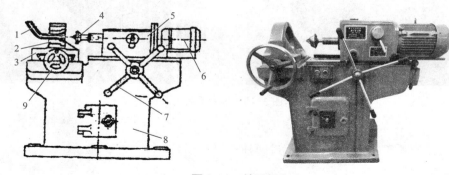

图 3-22　扩口机

1—导管；2—扩口模；3—夹头；4—扩口锥头；5—动力头；6—电动机；7—进给手柄；8—床身；9—手轮

（五）喇叭口扩口质量的检查

喇叭口扩口成型后，应检查扩口的质量。喇叭口扩口质量要求如下：

（1）喇叭口要高于衬套的上表面。

（2）喇叭口的最大直径必须小于等于衬套的外径。

（3）喇叭口内表面应光滑均匀，无偏斜、裂纹、挤压痕迹和划痕。

（4）衬套、螺母与喇叭口的相对位置必须正确。

（六）导管的试验

导管经打喇叭口成型后其质量如何，应通过强度试验及密封性试验进行检查，要完全符合技术要求后才允许安装上飞机，试验的方法是将喇叭口一端用堵头堵住，从另一端加入液压或气压，检查其是否有泄漏和破裂现象。强度试验时，向导管内加入工作压力的

1.5倍液压进行试验，导管不允许出现破裂、膨胀、渗油，喇叭口不允许出现渗油及拉脱等现象。密封性试验根据导管内工作介质的不同分别采用液压或气压进行试验，试验压力为工作压力，液压试验时不允许出现渗油现象，气压试验时，导管表面及喇叭口不允许出现漏气现象。

■ 二、无喇叭口接头航空导管的制作

（一）制作

无喇叭口接头导管制作如图3-23所示。其制作步骤如下：

（1）清洁硬管内外部，在管口安装上管螺母和锥形衬套，用润滑剂润滑模具接头和锥形衬套。

（2）将硬管垂直伸入模具接头内部，直到底部端口。

（3）用手将管螺母与模具接头的螺纹拧在一起。

（4）根据管路的材料性能，适当旋紧管螺母挤压衬套。

（5）拆下管螺母，检查接头。

（二）质量检查

无喇叭口接头导管的质量检查要求如下：

（1）管口端面必须均匀平整。

（2）管子内部必须有一个凸起波纹（双切割边必须有两个凸起波纹）。

（3）衬套前应是均匀的弯曲环形。

（4）衬套允许有一点周向移动，但在轴向不允许有任何移动。

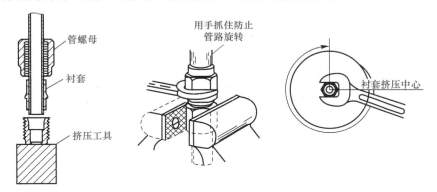

图3-23　无喇叭口接头导管制作

工卡标题		喇叭口硬管的制作		工卡编号		3-2-1
工作区域				实训日期		
版本		R0		工时		60 min
任务描述		对照工具清单按要求进行工具的清点和检查,用扩口器和扩口机制作成型一根带喇叭口的导管,并用试验设备检查制作导管的密封性				
注意事项		1. 严格遵守操作规程; 2. 注意安全,严禁违规作业; 3. 保持环境卫生				
类别	名称	规格型号	单位	数量	工作者	检查者
工具、量具	切管器		个	1		
	扩管器	WK-806AM-L	套	1		
	平锉	6″	把	1		
	什锦锉		套	1		
	直角尺	300 mm	把	1		
	高度差测量板		件	2		
	游标卡尺	0～150 mm	把	1		
	力矩扳手	NB-50G	把	1		
	扳手	17、19	把	各1		
	小十字螺钉旋具		把	1		
	注油壶		把	1		
	清洗油桶		个	1		
	工具盘		个	2		
	抹布		条	2		
	自封袋		个	4		
	纱手套		双	1		
	医用手套		双	1		
	护目镜		副			
	纸胶带		卷	1		
	记号笔		支	1		
	毛刷		个	1		

类别	名称	规格型号	单位	数量	工作者	检查者
工具、量具	开口扳手	14×17	把	1		
	开口扳手	17×19	把	1		
	开口扳手	19×22	把	1		
	开口扳手	8×10	把	1		
	套筒扳手		把	1		
	警告牌/警示牌		个	1		
耗材	铝合金管材	$\phi10$	个	按需		
	管螺母	HB4-45-G10	个	2		
	衬套	HB4-44-G10	个	2		
	砂纸	340号	张	1		
	清洗煤油		升	按需		
工作步骤					工作者	检查者
1. 对照工具清单清点工具						
2. 测量所需导管的长度为_____mm						
3. 按需切取管子，将硬管管口两端锉削平直，并去除管口内、外壁毛刺						
4. 将管子伸进硬管夹持工具合适尺寸的夹持孔						
5. 管口露出夹持工具上表面约一个硬币（大约 1.3 mm）的厚度（对于管壁较厚的管，也可以用一个管壁的厚度），然后把管子夹紧						
6. 将夹具固定在虎钳上						
7. 将扩口工具擦拭干净，在锥头涂上润滑油；旋转锥头手柄直到听到"嘀嗒"声						
8. 从扩口工具上拆下硬管，检查接头： （1）喇叭口要高于衬套的上表面。 （2）喇叭口的最大直径必须小于等于衬套的外径。 （3）喇叭口内光滑均匀，无偏斜、裂纹、挤压痕迹和划痕						
9. 安装衬套螺母，且与喇叭口的相对位置正确						
10. 用扩口机制作并检查另外一端喇叭口						
结束工作					工作者	检查者
清点、检查和维护工具，清扫和整理现场						

任务二　弯管

弯管

【学习任务】

本任务通过学习手动弯管、弯管器弯管、弯管机弯管和火弯导管的方法等内容，让学员熟悉航空导管的弯曲成型。

【学习目标】

1．知识目标

（1）掌握航空管路弯曲的基本方法；
（2）熟悉航空管路火弯的步骤和方法；
（3）熟悉管路弯曲成型的工具设备的使用方法；
（4）掌握航空管路的质量检查的方法和要求。

火弯导管

2．能力目标

（1）用手动弯管的方式弯曲成型导管；
（2）用弯管器弯曲成型导管；
（3）用弯管机弯曲成型导管；
（4）检查航空管路的质量。

3．素质目标

（1）具有严谨认真的工作作风、吃苦耐劳的工作态度；
（2）具有较强的安全生产、环境保护、职业道德和团队合作意识；
（3）具有良好的心理素质，树立航空产品质量第一的意识。

【典型工作任务】

采用不同的工具设备通过手动弯管、弯管器弯管、弯管机弯管等不同弯管方法对不同尺寸规格和不同材料的导管进行弯曲成型。

【学习内容】

■ 一、打样

打样是弯曲导管前第一步工作，就是要决定管子应弯制成怎样的形状和应有的长度。

如有旧的导管，可利用它作为样板，以决定导管的长度、弯度和弯曲的位置；如无旧件，弯管前则需要进行打样，打样时可用细钢丝或 6 mm×4 mm 规格的铝合金管子就实际安装位置用手弯制成样板。弯曲时首先要决定管子所经过的路线，考虑接头的位置，并在制作样板的过程中，做一些必要的修正。

决定管子路线时必须注意下列原则：

（1）选择弯度最小的路线，以减少液体动量的损失，并简化弯管工作。

（2）选取短的路线，以省料减振。

（3）尽可能使弯度在同一平面内。

（4）不要选取毫无弯曲的路线。要把一根直管做成非常准确的长度，同时要打上喇叭口后装上正好合适，又要保证没有装配应力，这是很难做到的。并且，随着温度的变化，导管长度也会有所胀缩，为了避免导管因此而产生应力，也必须要利用弯曲部分来进行补偿。

（5）要考虑到便于安装管子的支持点。

（6）弯制样板时，还必须注意到由于管子外径实际比样板外径要大，因此应使样板与其他机件保持足够的距离，以免管子装上时发生阻碍或摩擦。

■ 二、弯管

弯管时，根据管子的材料、厚度、管径和弯曲半径等的不同可采用以下不同的弯管方法：

（1）冷弯和热弯；

（2）加填料或不加填料进行弯曲；

（3）用夹具、不用夹具或在专门弯管机上进行弯曲。

直径小于 1/4 in 的硬管，可直接手动弯管，如图 3-24 所示。

直径大于等于 1/4 in、小于等于 1 in 的硬管可用弯管器弯管，如图 3-25 所示。弯管器弯管的施工步骤如图 3-26 所示。

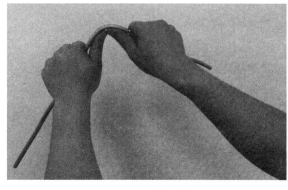

图 3-24　手动弯管

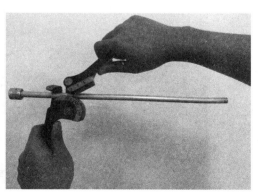

图 3-25　弯管器弯管

1. 向上提起滑杆

2. 置放管子

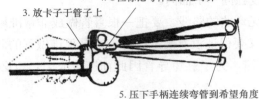

3. 放卡子于管子上

4. O位标记与杆上标记对齐

5. 压下手柄连续弯管到希望角度

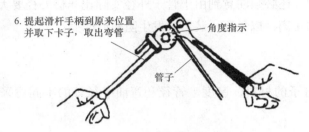

6. 提起滑杆手柄到原来位置并取下卡子, 取出弯管

角度指示

管子

图 3-26　弯管器弯管步骤

直径大于等于 3/8 in 的硬管, 一般采用弯管机 (图 3-27) 进行弯管。

弯管前要注意选择与管子外径相适应的弯管器或弯管机的弯曲型胎, 否则弯制的工件不符合标准, 而且容易弯坏管子。导管在弯曲时管壁材料一边被拉伸, 另一边被压缩。如果弯曲的管子外径小于弯管器槽径, 弯制的管子是偏的; 如果管子外径大于槽径, 弯制的管子被弯管器压伤或压偏。

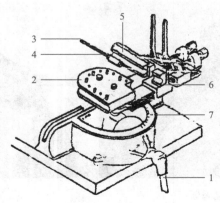

图 3-27　弯管机

1—旋转手柄; 2—弯曲型胎; 3—芯棒拉杆; 4—柱塞式芯棒; 5—压块; 6—夹块; 7—弯曲角指示器

外径较小的导管，如果弯曲半径较大，可以在事先退火之后进行冷弯。外径较大的导管弯曲成型时，一般要采用填入填料热弯。

冷弯导管是否需填入填料要看管壁的厚度和弯曲度半径大小，管壁薄且弯曲半径小的要填入填料，填料可用干燥的河沙、松香、黑铅和低熔点合金等。

干燥河沙的优点是经济、易清洗；缺点是不易压紧，且有磨损内壁的可能。装填河沙时，用塞子将导管的一端封住，在另一端将砂子装进去，但是要一面敲打管子一面往里倒，以便使砂子压紧。在管内装满砂子后，用塞子塞住另一端，如果是在热态中进行弯曲，塞子上应有排气孔。导管弯曲完毕后，将砂子倒出来并用汽油清洗。如在管内装填透明松香，应该用喷灯将管子加热，以免松香冷却而阻塞管子，当松香变冷后再进行弯曲。弯曲以后，从管子开口端加热以熔化松香，不能从管子的中部开始加温，因为这样可能使管子破裂。为将松香全部除净，应用酒精清洗管内。松香填料的优点是能充填得很紧，弯曲时不易变形；缺点是消耗太大，使用后不易清洗干净，多在冷弯时采用它。热弯管子时除大弯曲半径的厚壁管可不用填料外，一般都要用填料，但不能用松香填料，因为它在高温下会熔化成液体溢出管外。热弯时，应先加填料，然后加热到退火温度（用喷灯），同时均匀地加力弯曲，如图 3-28 所示。在弯曲过程中应注意弯曲部分的逐步变化情况，不断改变加热的部位。

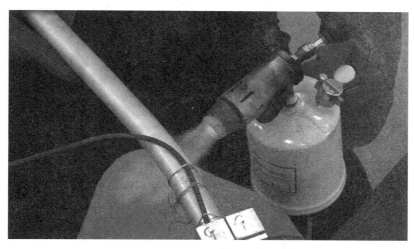

图 3-28 热弯导管

弯管时应小心，避免过多的压扁、弯折和弄皱管子。弯曲中允许出现少量的压扁，但压扁部分的最小直径不能小于原外径的 75%。压扁、弄皱或弯曲不规则的导管不允许在安装飞机时使用。

工卡标题	弯管		工卡编号	3-2-2
工作区域			实训日期	
版本	R0		工时	90 min
任务描述	对照工具清单按要求进行工具的清点和检查，用手动弯管、弯管器弯管、弯管机弯管等不同弯管方法对不同尺寸规格和不同材料的导管进行弯曲成型			
注意事项	1. 严格遵守操作规程； 2. 注意安全，严禁违规作业			

类别	名称	规格型号	单位	数量	工作者	检查者
工具、量具	弯管器		个	1		
	弯管机		套	1		
	工具盘		个	2		
	护目镜		副	1		
	纸胶带		卷	1		
	记号笔		支	1		
耗材	钢丝	$\phi 4$	根	按需		
	铝合金管材	4×6	根	按需		
	铝合金管材	8×10	根	按需		
	不锈钢管材	8×10	根	2		

工作步骤	工作者	检查者
1. 对照工具清单清点工具		
2. 用 $\phi 4$ mm 钢丝按要求打样		
3. 用 4 mm×6 mm 的铝合金管按要求打样		
4. 用弯管器按要求对 8 mm×10 mm 的铝合金管进行弯管		
5. 用弯管机按要求对 8 mm×10 mm 的铝合金管进行弯管		
结束工作	工作者	检查者
清点、检查和维护工具，清扫和整理现场		

项目三 航空管路的拆装与测试

【学习任务】

    本项目通过学习航空硬管和航空软管拆装的步骤与方法、航空管路的检查与航空管路的测试等内容，让学员掌握航空管路拆卸、安装和测试等基本操作技能。

【学习目标】

1. 知识目标

（1）掌握航空管路的拆卸步骤和方法；

（2）熟悉航空管路安装前的检查方法；

（3）掌握航空管路的安装步骤和方法；

（4）掌握航空管路的测试方法和测试步骤。

2. 能力目标

（1）正确拆卸航空管路；

（2）正确检查航空管路的好坏；

（3）正确安装航空管路；

（4）对航空管路进行密封性测试。

3. 素质目标

（1）具有严谨认真的工作作风、吃苦耐劳的工作态度；

（2）具有较强的安全生产、环境保护、职业道德和团队合作意识；

（3）具有良好的心理素质，树立航空产品质量第一的意识。

【典型工作任务】

    在航空维修的过程中，发现航空器某系统出现故障，为了排除该故障，需要对该系统的管路进行拆卸、检查、安装与测试等。

任务一　航空硬管的拆装与测试

【学习任务】

本任务通过学习航空硬管拆装的步骤和方法、航空硬管的检查与航空管路的测试等内容，让学员掌握航空硬管拆卸、安装和测试等基本操作技能。

【学习目标】

1. 知识目标

（1）掌握航空硬管的拆卸步骤和方法；

（2）熟悉航空管路安装前的检查方法；

（3）掌握航空硬管的安装步骤和方法；

（4）掌握航空硬管的测试方法和要求。

2. 能力目标

（1）正确拆卸航空硬管；

（2）正确检查航空硬管的好坏；

（3）正确安装航空硬管；

（4）对航空硬管进行密封性测试。

3. 素质目标

（1）具有严谨认真的工作作风、吃苦耐劳的工作态度；

（2）具有较强的安全生产、环境保护、职业道德和团队合作意识；

（3）具有良好的心理素质，树立航空产品质量第一的意识。

【典型工作任务】

在航空维修的过程中，发现航空器某系统出现故障，为了排除该故障，需要对该系统的管路进行拆卸、检查、安装与测试等。

【学习内容】

■ 一、航空硬管的拆装

不同系统的硬管拆装都有不同的拆装程序，航空管路的拆卸和安装程序与方法可参照 AMM 手册或维修工作单的要求去实施。

管路拆装与测试

1．航空硬管的拆卸

航空硬管的拆卸步骤和方法如图 3-29 所示。

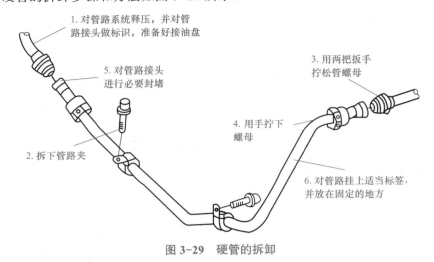

图 3-29　硬管的拆卸

2．航空硬管安装前的检查

航空硬管安装前，应通过目视检查方法进行检查，检查内容如下：

（1）检查硬管及管接头组件是否密封完好；

（2）检查硬管是否有压坑、变形、划伤、裂纹和腐蚀等损伤；

（3）检查管螺母、衬套和管接头是否有变形、裂纹和损伤，管螺母和管接头的螺纹是否有损伤。

3．航空硬管的安装

航空硬管的安装步骤和方法如图 3-30 所示。

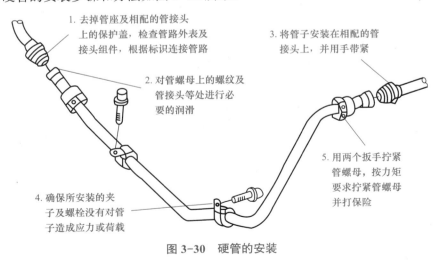

图 3-30　硬管的安装

4．航空硬管拆装时的注意事项

在拆卸和安装航空硬管时，应注意以下事项：

（1）硬管拆卸前，应通过在驾驶舱相应电动按钮和操纵手柄上挂警示牌等方式对硬管系统的失效做出警示标识。

131

（2）拆卸管路前应做好管路的位置标记，防止错装。

（3）硬管拆卸前，对有压力的硬管系统应进行充分释压。

（4）拆卸管路前应使用必要的防护措施（如封堵工具、接油盘准备到位等）防止液体泄漏。

（5）当有液压油溅落在人体或飞机上时应使用正确方法立即清除干净。

（6）地面和工作梯有油污时，应清理干净，保持环境整洁，防止人员滑倒。

（7）安装硬管时不得随意改变管路的弯曲度，否则会导致错装，引起额外的内压从而使硬管出现裂纹等损伤。

（8）安装管路时，应将管路放入接头底部，先用手拧紧，然后才能用扳手拧紧，绝对不允许通过拧紧螺母的方式来强行对正中心。

■ 二、硬管安装后的测试

硬管安装完成后，为检查硬管接头的安装质量，须对硬管接头做渗漏测试。

给装配好的硬管系统提供工作压力，保持一定的时间（气压 3 ～ 5 min，液压不少于 15 min），检查管路连接处是否有漏气或漏油现象发生。

如果发生渗漏，可根据 AMM 手册或维修工作单要求拧紧管路至上限力矩值，如果还是发生渗漏，应拆卸硬管，查找渗漏原因，更换硬管或接头组件进行排除。

工卡标题	硬管拆装和测试		工卡编号		3-3-1
工作区域			实训日期		
版本	R0		工时		60 min
任务描述	对照工具清单按要求进行工具的清点和检查，拆卸、检查和安装指定管路，并且检查测试管路的密封性				
注意事项	1. 在维护之前将液压系统释压； 2. 采取安全防护措施； 3. 关闭系统电源并悬挂警告牌				

类别	名称	规格型号	单位	数量	工作者	检查者
工具	工具箱	标准	个	1		
	力矩扳手		把	1		
	扳手		把	1		
	保险丝		根	按需		
	接油盒		个	2		
	抹布		条	1		
材料	安全警示牌		个	2		
	清洁剂		瓶	1		
设备	液压测试设备	自制	套	2		
	工具夹		个	2		

工作步骤	工作者	检查者
1. 拆卸管路： （1）对管路系统失效做出警示，在手动泵上悬挂安全警告牌； （2）卸除液压系统压力； （3）做好管路位置标记； （4）正确拆除管路保险； （5）拆下指定管路的管路夹； （6）拆下指定的两根管路（用开口扳手固定管接头，用另一个扳手拧松螺母）； （7）在管路上挂上标识，并摆放整齐； （8）用堵盖堵好管接头		

工作步骤	工作者	检查者
2. 管路检查： （1）检查管接头组件，应接合面光滑、螺纹无损伤； （2）检查管路，应无压坑和擦伤； （3）检查管路，应无变形、裂纹和腐蚀； （4）检查管螺母、衬套和管接头，应无变形、裂纹和损伤，管螺母和管接头的螺纹无损伤		
3. 管路安装： （1）拆除堵头，按标识连接管路，对接头螺纹进行必要的润滑； （2）将管路放入配套接头的底部，并用手拧紧（绝对不允许用拧紧螺母的方式来强行对正中心）； （3）安装管卡，但不要拧紧； （4）用扳手拧紧管螺母，并加力矩：（20±5）N·m		
4. 管路压力测试： （1）复查管路安装好之后，接好手动液压泵对系统进行增压； （2）对液压系统进行放气； （3）给液压系统再次增压至 8 kg/cm²，保持 15 min，检查管路无渗漏； （4）确认正常后打好保险； （5）安装管路夹		
结束工作	工作者	检查者
（1）清点工具和设备，数量足够； （2）清扫现场； （3）在工具室如数归还工具、设备； （4）在工具室归还登记簿上做好归还记录		

任务二 航空软管的拆装与测试

【学习任务】

本任务通过学习航空软管拆装的步骤和方法、航空软管的检查与航空管路的测试等内容，让学员掌握航空软管拆卸、安装和测试等基本操作技能。

【学习目标】

1．知识目标

（1）掌握航空软管的拆卸步骤和方法；

（2）熟悉航空软管安装前的检查方法；

（3）掌握航空软管的安装步骤和方法；

（4）掌握航空软管的测试方法和要求。

2．能力目标

（1）正确拆卸航空软管；

（2）正确检查航空软管的好坏；

（3）正确安装航空软管；

（4）对航空软管进行密封性测试。

3．素质目标

（1）具有严谨认真的工作作风、吃苦耐劳的工作态度；

（2）具有较强的安全生产、环境保护、职业道德和团队合作意识；

（3）具有良好的心理素质，树立航空产品质量第一的意识。

【典型工作任务】

在航空维修的过程中，发现航空器某系统出现故障，为了排除该故障，需要对该系统的软管进行拆卸、检查、安装与测试等。

【学习内容】

一、航空软管的拆卸

航空软管的拆卸步骤如下：

（1）明确所拆卸管路属于什么系统，失效相关系统，挂上禁止操作牌，拔出跳开关等。如属于液压系统，应对系统充分释压，并准备好接油盘等工具。

（2）将所要拆卸管路与接头做好标记，以便于识别安装。

（3）松开软管支撑夹子，使用两把扳手拆卸管路。一把扳手固定管路接头，另一把扳手松开管路螺母。

（4）用堵头或密封袋封堵软管端口和接头，确保系统不受污染。

（5）将拆卸软管挂牌放置在规定的地方。

■ 二、航空软管的检查

安装前，目视检查软管接头密封面、软管外套和接头螺纹是否有损伤，确保软管及接头完好，确保软管清洁、未受污染。

若发现软管外套（特氟隆）断丝，按以下程序处理：

（1）在软管断丝处做上标记，以便于工作检查。

（2）如果一个平面出现两根以上断丝或有几根断丝出现在一个集中区域，不能使用该软管。

■ 三、航空软管的安装

航空软管的安装步骤如下：

（1）根据维护手册或工作单的要求，在软管接头外螺纹上涂润滑剂，注意螺纹润滑剂不允许进入软管内腔。

（2）用手拧紧软管螺母。

（3）通过软管侧面的检查线确认软管未发生扭转（图3-31），且长度合适，保证有5%～8%的松垂度，如图3-32所示。

图3-31 软管的扭转

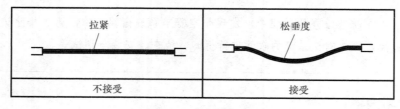

图3-32 软管松垂度

（4）两把扳手将软管螺母拧紧到规定力矩值。如果力矩扳手接近不方便，可先用手拧紧螺母，然后用扳手拧紧1/6～1/3圈。

（5）安装管卡，保证至少每隔24 in处有一个支承点，确认软管与邻近的结构之间有足够的间隙。如果出现图3-33所示的情形，应用软管夹子隔开。

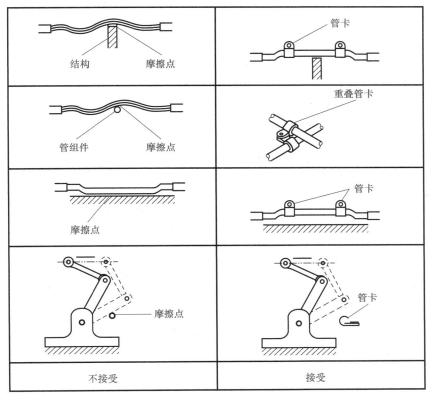

图 3-33　软管间隙控制

（6）清洁软管及接头表面，恢复相关系统，按要求进行渗漏测试检查。

四、航空软管拆装的注意事项

（1）软管拆卸后，必须用堵头或密封袋封堵管口和管接头，以防止杂质进入管路。

（2）如果液压油溅落在飞机上，应立即清除干净，液压油会损坏飞机表面。

（3）在安装软管前，确认所有软管口和管接头上的密封完好。否则软管不得安装。

（4）安装时要防止软管弯曲过度，软管接头的非弯曲段，必须有不小于 2 倍软管直径的长度，如图 3-34 所示。无法满足最小弯曲半径又必须弯曲的地方，可用弯管接头进行安装，如图 3-35 所示。

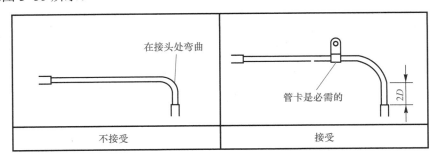

图 3-34　软管接头挠曲控制

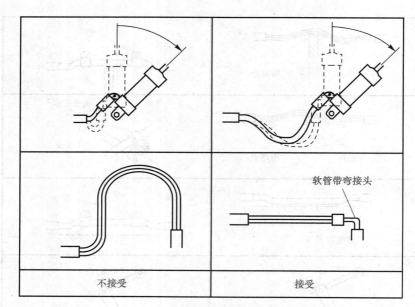

| 不接受 | 接受 |

图 3-35　软管弯曲度控制

工卡标题	软管拆装和测试		工卡编号		3-3-2	
工作区域			实训日期			
版本	R0		工时		60 min	
任务描述	对照工具清单按要求进行工具的清点和检查，拆卸、检查和安装制定管路，并且检查测试管路的密封性					
注意事项	1. 在维护之前将液压系统释压； 2. 采取安全防护措施； 3. 关闭系统电源并悬挂警告牌					
类别	名称	规格型号	单位	数量	工作者	检查者
工具	工具箱	标准	个	1		
	力矩扳手		把	1		
	扳手		把	1		
	保险丝		根	按需		
	接油盒		个	2		
	抹布		条	1		
材料	安全警示牌		个	2		
	清洁剂		瓶	1		
设备	液压测试设备	自制	套	2		
	工具夹		个	2		
工作步骤					工作者	检查者
1. 拆卸管路： （1）对管路系统失效做出警示，悬挂安全警告牌； （2）卸除液压系统压力； （3）做好管路位置标记； （4）松开软管支撑夹，使用两把扳手拆卸管路（用一把开口扳手固定管接头，用另一把扳手拧松螺母）； （5）对管路接头进行必要的封堵防护； （6）在管路上挂上标识，并摆放整齐。						
2. 软管检查： （1）目视检查软管接头密封面、软管外套和接头螺纹，应完好无损伤，确保软管及接头完好，确认软管清洁、未受污染。 （2）对带有防波套的软管，应检查其护套断丝情况，必须符合 AMM 规定要求						

工作步骤	工作者	检查者
3. 管路安装： （1）去掉封堵，按标识连接管路，对接头螺纹进行必要的润滑； （2）将软管放入安装位置，并用手拧紧管螺母； （3）确认软管未发生扭转且长度合适，保证有 5% ～ 8% 的松垂度； （4）用扳手拧紧管螺母，并加力矩：（20±5）N·m； （5）安装管卡，确认软管与邻近结构之间有足够的间隙（至少每 24 in 处有一个支撑点）； （6）清洁软管表面及接头表面		
4. 管路压力测试： 　恢复相关系统，按相关要求测试。复查管路，确认安装好之后，接好手动液压泵对系统进行增压		

结束工作	工作者	检查者
（1）清点工具和设备，数量足够； （2）清扫现场； （3）在工具室如数归还工具、设备； （4）在工具室归还登记簿上做好归还记录		

钣金手工成型与铆接

【学习内容】

　　航空器在使用过程中结构件有可能出现各种问题，如凹坑、裂纹、破损等，一旦出现上述问题就会危及航空器的安全，针对上述问题的修理称为结构修理。其主要包含两个方面的内容，即钣金件修理与铆接修理。本模块主要介绍结构修理中常用工具和设备的名称、功用、使用方法及结构修理方法等内容。

【学习目标】

1．知识目标

　　（1）熟悉结构修理常用工具的名称与功用；

　　（2）熟悉结构修理常用工具的使用方法与注意事项；

　　（3）熟悉结构修理常用工具的保管和维护基本知识；

　　（4）掌握收边、扩边的原理；

　　（5）掌握铆接操作中各环节的要求；

　　（6）掌握薄料板材弯曲的计算方法。

2．能力目标

　　（1）能够认识、清点和维护工具；

　　（2）能够在航空维修工作中正确使用工具；

　　（3）能够掌握收边、放边的操作方法；

　　（4）能够掌握钻孔、锪窝、铆接的操作方法；

　　（5）能够掌握薄料板材弯曲的操作方法；

　　（6）能够掌握铆钉选择与布置的方法。

3．素质目标

　　（1）养成航空维修严谨的工作作风；

　　（2）养成工具三清点的良好工作习惯；

　　（3）养成吃苦耐劳的劳模精神；

　　（4）养成分工协作的团队合作意识；

　　（5）树立敬畏生命、敬畏规章、敬畏职责的意识。

项目一　钣金手工成型

【学习任务】

本项目通过学习型材的锤展和皱缩、薄板的弯曲、模线样板知识，掌握收边、放边手工成型基本方法和工具使用方法、注意事项等基本知识，让学员能够理解金属材料塑性变形的原理，为钣金修理工作奠定基础。

【学习目标】

1. 知识目标

（1）掌握手工弯曲展开料的计算方法；

（2）掌握收边、放边的概念及收边、放边原理。

2. 能力目标

（1）掌握手工弯曲件的基本操作方法及要点；

（2）掌握收边、放边的基本方法和操作要点；

（3）掌握收边、放边操作过程中常见的质量故障分析及排除方法。

3. 素质目标

（1）养成严谨的航空维修工作作风；

（2）养成工具三清点的良好工作习惯；

（3）养成吃苦耐劳的劳模精神；

（4）树立敬畏生命、敬畏规章、敬畏职责的意识。

【典型工作任务】

航空维修中要对各种钣件进行修理，由于飞机结构的复杂性，用机器进行钣件加工较为困难，而采用手工敲制比较合适。那么在敲制过程中如何选择工具、板料、方法来进行加工呢？

任务一　薄板的弯曲

【学习任务】

本任务主要学习薄板弯曲变形过程、塑性弯曲时的应力应变状态、减少回弹的措施及弯曲件展开长度的计算方法，通过工件制作掌握薄板弯曲的方法。

【学习目标】

1．知识目标

（1）掌握手工弯曲展开料的计算方法；

（2）掌握手工弯曲件的测量方法。

2．能力目标

（1）掌握手工弯曲件的基本操作方法及要点；

（2）掌握控制手工弯曲件质量的方法。

3．素质目标

（1）养成精益求精的航空维修工作作风；

（2）养成工具三清点的良好工作习惯；

（3）养成吃苦耐劳的劳模精神；

（4）树立敬畏生命、敬畏规章、敬畏职责的意识。

【工作情景】

> 薄板的弯曲在飞机钣件的配制过程中应用比较广泛，有许多钣件完全是用弯曲的方法制成的，在工作过程中如何准确下料及弯曲操作呢？

【学习内容】

飞机机体结构中的翼肋、隔框和蒙皮，大多由金属薄板或型材制成的零件组成。这些零件通常称为钣件。在飞机机体修理工作中，钣件通常是用手工敲制的方法，使金属薄板或型材产生塑性变形而制成的，质量的好坏和效率的高低，取决于操作方法是否正确；取决于能否正确使用模胎、样板等工具和设备；取决于熟练技巧、经验及新方法的采用等。

一、钣金手工成型的基本原理

（一）钣金成型时，金属塑性变形的基本规律

钣金手工成型的过程，就是金属在外力作用下产生塑性变形的过程。钣金成型时，金属塑性变形的基本规律有以下几条。

1．体积不变定律

钣件在成型过程中，金属受到外力而产生塑性变形，如金属受到拉伸、弯曲、剪切和扭转等，在变形前后它的体积是保持不变的。

2．最小阻力定律

最小阻力定律是指钣件受到外力而产生塑性变形时金属质点沿最小阻力方向流动。

总结：体积不变定律和最小阻力定律，揭示了金属塑性变形的基本规律。在钣件手工成型中，应该根据金属塑性变形的规律选择正确的成型方法，使钣料的变形过程符合预想的结果。

例如，在需要金属板条变长时，可采用扁头锤按图4-1、图4-2所示的方法一锤一锤地有序地进行。如果扁头锤的扁口方向是对着板条的宽度方向，那么板条在锤击后主要是变宽。

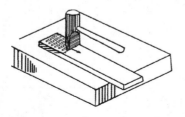 

图 4-1　沿板料中间锤击　　　　图 4-2　沿板料一侧锤击

（二）钣件成型时影响金属塑性变形的因素

钣件成型过程中，要求金属具有良好的塑性，能够产生较大的塑性变形而不破裂；要求金属具有较小的变形抗力（简称变形抗力），使金属容易产生塑性变形。

金属的塑性和变形抗力随着客观条件变化而变化。实践证明，材料的类型和热处理状态、成型时的应力状态和应变状态及应力的分布不均匀等因素对金属的塑性和变形抗力都有影响。

1．材料的种类和热处理状态

材料的种类不同，它们的塑性和变形抗力不同。如防锈铝（LF21M）比硬铝（LY12M）的塑性要好，变形抗力要小。

同一种金属不同的热处理状态下，塑性和变形抗力也有所不同。例如，淬火硬铝在失效后强度和硬度提高，变形抗力增大，塑性变差。退火硬铝，强度和硬度比淬火硬铝低，但变形抗力较小、塑性较好。在成型工作中，通常都采用退火硬铝来敲制钣件，待成型后再进行淬火处理，提高强度和硬度；只有敲制变形程度不大的钣件才直接采用淬火硬铝。

在修理工作中，有时也采用喷灯退火的方法，对淬火硬铝进行退火，以提高硬铝的塑性，降低其变形抗力。用喷灯将淬火硬铝加温至退火温度350 ℃～370 ℃，然后在空气中冷却。为了判断退火的温度，退火前事先在铝板上涂上一层薄薄的滑油，铝板加温时，滑油的颜色将随温度的升高而变化，从黄色到棕色、黑褐色，最后黑褐色逐渐消失，此时，铝板的温度为350 ℃，也正是硬铝的退火温度。

硬铝板的淬火，通常是在硝盐槽中进行加温，然后在冷水中迅速冷却。淬火温度为490 ℃～510 ℃，保温时间取决于铝板的厚度，一般来说，铝板越厚，保温时间越长。

2．应力状态

金属在外力作用下，就可能产生塑性变形，而塑性变形的大小和金属内部变形的方式有关。另外，一般金属都含有一定的杂质，并且组织内有一定的空隙。拉应力对这些缺陷的危险性最大，会使缺陷加速扩张；而压应力使金属内部的缺陷不易扩张；金属在塑性变形中不易损坏。

因此压应力越大，金属的塑性越好；拉应力越大，金属的塑性越差；同号压应力有利于提高金属的塑性，但同号压应力状态变形抗力较大；同号拉应力会降低金属的塑性、加工中应尽量避免；异号应力状态虽然降低金属塑性，但变形应力较小。对上述应力状态应根据实际情况选择使用，以确保工件质量。

3．应变状态

金属在外力作用下产生塑性变形时，其内部质点在产生应力的同时，也会出现应变。在实际工作中，应变状态是根据金属实际情况确定的。

4．不均匀应力

钣件成型中，同一截面产生的应力不同，往往分布不均匀，有的部分较大，有的部分较小。这种分布不均的应力，称为不均匀应力。不均匀应力会使金属的塑性变低，变形抗力增大。钣件成型工作中，产生不均匀应力的原因主要是以下三种情况：

（1）钣料边缘有缺口、毛刺，表面有划伤等；

（2）锤击钣料时，锤击点的分布和锤击力的大小不均；

（3）工具表面粗糙，锤击时工具与钣料接触不均等。

为了防止或减少不均匀应力的产生，成型工作应注意保护钣料表面，不使钣面划伤；锉修钣料边缘，去掉毛刺；工具表面应平整光滑，锤击力的大小和锤击间隔应均匀。

■ 二、薄板的弯曲

薄板的弯曲，在飞机钣件的配制过程中，应用比较广泛。有许多钣件完全是用弯曲的方法制成的，如机翼前缘蒙皮、角形钣件等；有许多钣件部分地或间接地要用到弯曲的成型方法，如隔框、翼肋蒙皮的钣件。另外，薄板弯曲的基本知识在飞机钣件成型过程中具有普遍的指导意义。所以，在研究钣件手工成型方法中，首先研究薄板的弯曲。

（一）弯曲变形过程

平直板钣料在弯曲力矩 M 的作用下变形如图 4-3 所示。变形区的外层纤维受到拉伸作用而伸长，内层纤维受到压应力作用而缩短。由于切向应力 σ_t 和应变 ε_t 沿板料段面的分布是连续的，在弯曲终了时，由拉伸区过渡到压缩区，在其交际处一定存在着一层纤维，它的长度等于钣料的原长度，即该层纤维的应变 $\varepsilon_t=0$，此纤维称为中性层，它在断面中的位置可用曲率半径 ρ_0 表示。应力沿断面的分布，由外层纤维的拉应力转为内层纤维的压应力，在断面内也一定存在着一层纤维，该纤维层上的应力 $\sigma_t=0$，这个纤维称为应力中性层，它在断面中的位置可用曲率半径 ρ_a 表示，并用 ρ 表示弯曲钣件断面重心层的曲率半径。

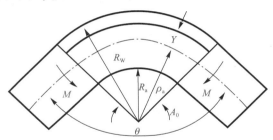

图 4-3　钣料的弯曲

平直钣料在弹性变曲阶段，应力中性层和应变中性层相互重合并通过断面重心。当弯曲变形程度超过材料的屈服阶段以后，在弯曲过程中应力中性层和应变中性层不仅不相互重合，也不通过断面重心，而是随曲率的增大逐渐向曲率中心的方向移动；并且应力中性层的移动量，大于应变中性层的移动量。但是，当弯曲变形程度不是很大时（小于10/100），中性层的移动量很小，为简化分析和计算，可以忽略不计，而认为在弯曲过程中应力中性层与应变中性层是重合的，并通过断面重心。在以下的分析中，一般用断面中性层的曲率半径代表中性层的曲率半径。薄板弯曲后，所弯曲的角度 θ 称为弯角。

（二）塑性弯曲的应力应变状态

在弯曲过程中，钣料的相对宽度 B/t（其中 B 为钣料的宽度，t 为钣料的厚度）不同，应力应变的状态不同。

1. 应变状态

弯曲时，主要的变形是中性层的内、外纤维的缩短和伸长变形，窄板（$B/t \le 3$）和宽板（$B/t>3$）应变不同，由于宽板在宽度方向受到材料彼此之间的制约作用，不能自由变形，应变很小，可近似地认为宽度方向的应变为 0；而窄板在宽度和厚度上都是延伸应变。

2. 应力状态

切向（长度方向）：外区受拉，内区受压。

径向（厚度方向）：产生显著的径向压应力，由表及里逐渐递增，到中性层最大。

轴向（宽度方向）：对于窄板，可以自由变形，所以应力为 0；对于宽板，因为材料彼此之间的制约，应力不为 0。对于外区，宽度方向的收缩受到制约，应力为拉应力；对于内区，宽度方向的伸长受到制约，应力为压应力。

（三）减少弯曲件回跳的措施

在钣件手工成型中，通常采用下列方法来减小弯曲件的回跳。

（1）在模胎上预先修出回跳角。这个办法是把模胎做得小一些，大约一个回跳角（$\Delta\beta$），如图 4-4 所示，用这种模胎弯曲钣件时，需要多弯曲一个角度待外力除去后，经过回跳，恰好达到所需的弯曲角度。

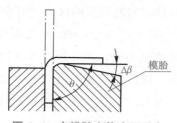

图 4-4　在模胎上修出回跳角

（2）采用锤边法来减小钣件的回跳。采用锤边法来减小钣件的回跳的做法：在钣件初步弯制后，先按图 4-5（a）所示的方法，用木槌和冲子锤击钣件边缘，使钣件稍弯曲；再用木槌沿图 4-5（b）所示的箭头方向锤平弯边，使弯边在中性层以上的材料产生收缩变形。这样，当除去外力后，钣件弯边受压缩的部分略有伸长，受拉伸的部分将略有收缩，如图 4-5（c）的箭头所示，从而使钣件弯边部分产生一个向下的回跳，可以部分地抵消钣件原有的回跳角，使钣件贴胎。

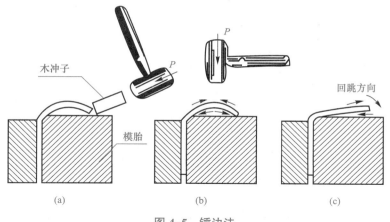

图 4-5 锤边法

（a）钣件稍弯曲；（b）钣件收缩变形；（c）钣件收缩部分伸长

（四）弯曲件展开长度的计算

弯曲件展开长度的计算一般采用中性层展开长度计算法。这种方法一般适用 $r>t/2$ 的弯曲件。我们知道中性层的长度在弯曲过程中没有改变这一性质，只要计算出中性层的长度就计算出了弯曲钣料的长度。如图 4-6 所示的弯曲零件，其长度 L 显然为

$$L=L_1+L_2+A \tag{4-1}$$

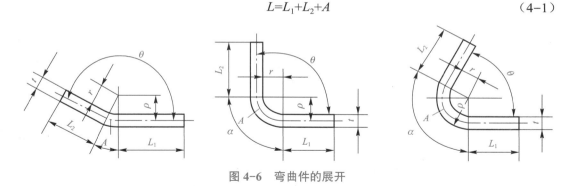

图 4-6　弯曲件的展开

但是，弯曲部分的长度 A 又怎样知道呢？

根据平面几何的知识，如果能够找出中性层处的弯曲半径，便可以用求弧长的公式把中性层的长度计算出来。中性层处的弯曲半径称为中性层半径，用 ρ 表示。如果弯曲部分所对的圆心角为 α，则弯曲部分中性层的弧长 A 为

$$A=\rho \cdot \frac{\pi\alpha}{180°} \tag{4-2}$$

我们又知道中性层的位置是改变的，而且往往是向弯曲的内侧移动，其移动的数值随着变形程度的改变而改变。当变形程度不大时，可以认为中性层位置没有改变，即在钣料厚度的中间（0.5t）。当变形程度较大时，中性层就向内侧移动，而且变形程度越大，向内侧移动得越多。弯曲变形程度是由弯曲半径和材料厚度的比值表示的，具有不同弯曲半径和材料厚度的零件，中性层的位置是不同的。其位置可用式（4-3）表示：

$$\rho = r + kt \qquad (4\text{-}3)$$

式中，k 为中性层系数，通常小于或等于 0.5，没有单位，其数值显然为

$$k = \frac{\rho - r}{t} \qquad (4\text{-}4)$$

中性层系数 k 的值见表 4-1。这样，就可以求得弯曲部分中性层的长度：

$$A = (r + kt)\frac{\pi\alpha}{180°} \qquad (4\text{-}5)$$

表 4-1　中性层位置系数 k

r/t	0.1	0.25	0.5	1.0	2.0	3.0	4.0	4 以上
k	0.320	0.350	0.375	0.420	0.460	0.470	0.480	0.500

在实际施工中，我们往往知道钣件的弯曲度 θ，而不知道弯曲部分的弧形所对的圆心角 α（图 4-7）。

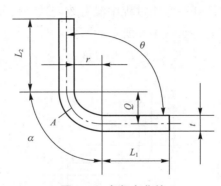

图 4-7　直角弯曲件

根据平面几何知识，很容易找出 θ 与 α 的关系，它们是

$$\alpha = 180° - \theta$$

这样，弯曲件的展开长度便可用下述公式求得

$$L = L_1 + L_2 + A$$
$$= L_1 + L_2 + (r + kt)\frac{\pi(180° - \theta)}{180°} \qquad (4\text{-}6)$$

【例 4-1】图 4-8 所示的直角形弯曲零件，试求其展开长度。

【解】（1）公式计算法。

已知 $\theta = 90°$，$t = 1$，$r = 2$，从表 4-1 中查得 $k = 0.46$，由公式可得

$$L = L_1 + L_2 + (r + kt)\frac{(180° - \theta)}{180°}$$
$$= (30 - 2 - 1) + (60 - 2 - 1) + (2 + 0.46) \times \frac{3.14 \times (180° - \theta)}{180°}$$
$$= 27 + 57 + 3.86$$
$$= 87.86 \ (\text{mm})$$

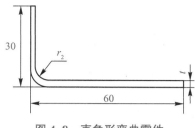

图 4-8　直角形弯曲零件

答：其展开长度为 87.86 mm。

（2）经验计算法。

在实际施工中，对于较薄的钣料，弯曲角度为 90° 时的单弯曲零件，还可以采用以下的经验公式计算：

$$L=a+b-\left(t+\frac{r}{2}\right) \tag{4-7}$$

式中，a，b 分别为零件的宽度和高度，如图 4-9 所示。用经验法计算得

$$L=a+b-\left(t+\frac{r}{2}\right)$$

$$=60+30-\left(1+\frac{2}{2}\right)$$

$$=88（mm）$$

由上述计算可以看出，用经验计算法比较简单。其误差仅为 0.14 mm。

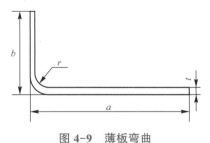

图 4-9　薄板弯曲

（五）薄板的弯曲方法

弯曲钣件的形状比较简单，只有一个方向的变形，因此，它的成型方法也比较简单。下面介绍保证钣件手工弯曲时弯折线是一条直线的做法，图 4-10 所示的薄板弯曲的方法就可以轻松做到。

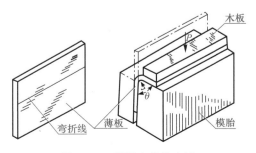

图 4-10　薄板弯曲的方法

工卡标题	薄板的弯曲		工卡编号	4-1-1
工作区域			实训日期	
版本	R0		工时	30 min
任务描述	依据图样完成制作。 			
注意事项	1. 严格遵守操作规程； 2. 注意安全，严禁违规作业			

类别	名称	规格型号	单位	数量	工作者	检查者
工具、量具	直口剪		把	1		
	角度尺		把	1		
	钢板尺		把	1		
	游标卡尺		把	1		
	半径规		个	1		
	记号笔		支	1		
	塞尺		把	1		
	木榔头		个	1		
设备	折边机		台	1		
耗材	铝板	LF21	块	1		

工作步骤	工作者	检查者
1. 对照工具清单清点工具		
2. 计算展开尺寸		
3. 确定弯折顺序		
4. 画出准线位置		
5. 剪切下料		
6. 放入折边机弯折		
7. 锉修余量并整形		
结束工作	工作者	检查者
清点、检查和维护工具，清扫和整理现场		

任务二 薄板的扩边与收边

【学习任务】

本任务主要学习薄板的收边、型材的锤展、模线和样板基本知识，通过扩边、收边工件制作掌握钣材手工制作的基本方法。

【学习目标】

1．知识目标

（1）了解扩边、收边的概念及原理；

（2）掌握收边、扩边的基本方法。

2．能力目标

（1）掌握收边、扩边的操作方法及要点；

（2）掌握收边、扩边工具的使用方法与注意事项；

（3）能对收边、扩边操作过程中常见的质量故障分析并进行排除。

3．素质目标

（1）养成严谨的航空维修工作作风；

（2）养成工具三清点的良好工作习惯；

（3）养成吃苦耐劳的劳模精神；

（4）树立敬畏生命、敬畏规章、敬畏职责的意识。

【工作情景】

> 航空维修工作中要对一些形状比较复杂的零件进行加工，需要用到一些简单的胎型、靠模和工夹具，一般这些工夹具是通用的。手工成型件的质量不仅依靠这些模具更重要的是取决于操作程序的安排是否合理及操作工人的实践经验与操作技巧，扩边与收边是钣件成型的基本方法，其操作的步骤和原理是什么呢？

【学习内容】

薄板的扩边（放边）与收边，是钣件成型中的基本方法，钣件成型的关键在于掌握收、放的位置与量的大小从而达到预想的效果。

配制飞机上的一段翼肋、隔框等钣件时，需要使薄板沿弧形的弯折线进行弯曲。当薄板沿内凹的弧形弯折线进行弯曲（图 4-11 中的 A 边），弯边部分（A 边部分）在弯曲的同时，还要沿弯折线方向产生延伸变形，这种成型方法称为薄板的扩边。当薄板沿外凸的弧形弯折线进行弯曲（图 4-11 中的 B 边），弯边部分（B 边部分）在弯曲的同时，还要沿弯折线方向产生收缩变形，这种成型方法称为薄板的收边。

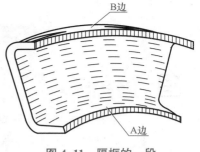

图 4-11　隔框的一段

薄板的扩边与收边，是钣件成型中的重要方法，在机体修理中应用较多。因此，我们必须认真掌握，以便及时修复飞机。

一、薄板的扩边

薄板扩边的施工方法如图 4-12 所示。在薄板上画好弧形的弯折线；将薄板夹紧在模胎内并使弯折线与模胎对齐，用木槌和木冲子，沿弯折线有序地、均匀地进行锤击，使钣料稍许弯曲，这个步骤通常称为起线；起线后，视扩边部分的变形程度，采用不同的方法，如果扩边部分的变形程度较小，用木槌从左到右进行锤击，使钣料延伸靠近模胎。锤击时，扁头锤的扁口方向应对着钣料的延伸方向，使钣料逐渐贴胎。

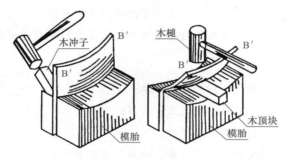

图 4-12　扩边的施工方法

放边件制作

二、薄板的收边

1. 薄板收边的施工方法

薄钣收边施工方法如图 4-13 所示。收边时，首先在钣料上画好弧形弯折线，并按照弯折线将钣料夹持在模胎中，用木槌和木冲子沿弯折线进行锤击，并逐渐从弯折处推向边缘。这样，钣料在弯曲的同时，弯边部分将沿弯折线方向逐渐收缩，形成所需的形状。

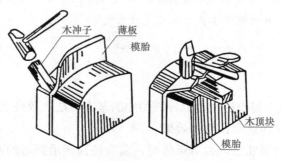

图 4-13　薄板收边的施工方法

收边件制作

2. 收边时怎样防止"皱折"

收边时，应避免"皱折"。"皱折"发生后，轻则产生材料的堆积，不易敲平；重则会在折缝上裂纹，使钣料报废。用手工成型的方法敲制钣件，在收边的边缘通常都会出现裂纹，如果波形不好或操作不当，波纹就会产生"皱折"。

波纹的大小要适当；否则将影响收边的质量或效率。波纹过高［图4-14（a）］，在锤平的同时容易倒状，产生"皱折"；波纹过低［图4-14（b）］，锤平时容易恢复原样，收边效率不高。根据经验，波纹的高度 h 等于波纹的宽度 a 时［图4-14（c）］，收边效果较好。波纹的宽度 a 一般应根据钣料厚度进行选择。较厚的钣料，稳定性较好，波纹宽度可以大一些；反之，波纹宽度可以小一些。

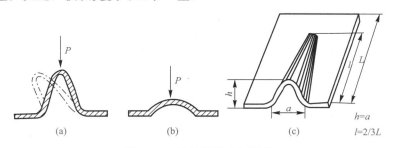

图 4-14　波纹的尺寸与要求
（a）波纹过高；（b）波纹过低；（c）波纹高度等于宽度

■ 三、型材的锤展和皱缩

在飞机修理工作中，有时，需要将型材敲制成向外或向内弯曲的弧形型材，有时要在直型材上敲制下陷（图4-15）。

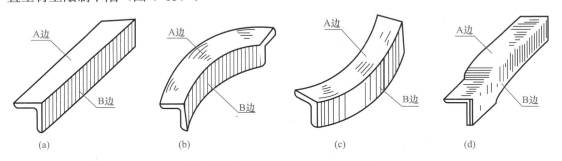

图 4-15　弧形型材及有下陷的型材
（a）直型材；（b）向外弯的弧形型材；（c）向内弯的弧形型材；（d）下陷材

要使直型材敲制成向外弯曲的弧形型材，需使型材的 A 边延伸变形；要使直型材敲制成向内弯曲的弧形型材，需使型材的 A 边收缩变形。两种弧形型材的弯曲方向不同，型材 A 边材料的变形情况不同。不同的变形情况，只有用不同的敲制方法才能解决。前者需采用锤展的方法；后者需采用皱缩的方法。

1. 型材的锤展

锤击直型材的 A 边，使之沿纵向产生不等的延伸变形，边缘处延伸多，靠直角处延伸少，直型材就可以向外弯曲成图4-16所示的形状，这种成型方法称为型材的锤展。

型材的锤展是在铁砧上用扁头锤进行的（图4-16）。根据最小阻力定律，扁头锤端面的短轴，应平行于型材的纵轴，以便使型材沿纵向迅速延伸。锤头的端面还应稍许倾斜，使型材边缘受力较大，产生较多的延伸变形；靠直角处受力较小，产生较少的延伸变形。锤击面积的宽度约占型材 A 边宽度的 3/4，不能锤击内侧边缘。型材的锤展应有顺序地、均匀地从一端锤向另一端。型材经过反复地锤击后，逐渐向外弯曲成所需的形状。

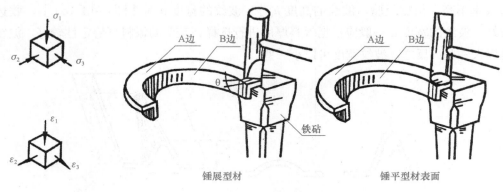

图 4-16　型材的锤展

锤展时，型材的材料处于三向压应力状态，其中 σ_1 为锤击力直接引起的压应力，σ_2 和 σ_3 为周围材料阻碍延伸变形而引起的压应力，型材在沿纵向延伸的同时，宽度有所增加，厚度有所减小，其应变状态为一向收缩二向延伸的应变状态。型材在此应力、应变状态下，塑性较好，不易裂纹，但变形抗力较大，可以适当地增大锤击力，以提高工效。经扁头锤锤展的型材，由于扁头锤的端面较窄，型材表面留有锤痕，在成型的最后阶段，还要换用端面积较大的平头锤来锤平锤痕，使型材表面光滑。

飞机上有的向外弯曲的型材，各处的弯曲程度不一，配制此类型材，除按上述方法进行锤展外，还需要根据型材各处的弯曲程度，控制锤击力的大小和锤击次数。对弯曲程度较大的部位，锤击力应较大，锤击次数应较多，使型材 A 边在该部位产生较多的延伸变形；对弯曲程度较小的部位，则锤击力应较小，锤击次数应较少，使型材 A 边在该部位产生较少的延伸变形。

锤展后的型材，表面应平整，没有裂纹，厚度不应减小过多。

锤展后的型材，几何形状应符合要求。弯曲度与样板一致［图4-17（a）］。如果弯曲不足，可继续锤展；如果弯曲度超过，可用收缩 A 边的办法矫正。但这种矫正工作比较麻烦，应尽量避免。避免的方法：在型材弯曲度快接近要求时，勤用样板检查。锤展后的型材，截面的垂直度可用直角尺来检查。检查时，型材 A 边与平台贴合，用直角尺检查 B 边是否垂直，如果垂直，B 边与直角尺贴合；如果不垂直，B 边与直角尺便有间隙。在检查过程中，常常出现 B 边下部与直角尺之间有较大间隙，产生这种现象的原因主要是锤展型材时锤击点太靠近边缘。锤展后的型材放在平台上，A 边应与平台贴合［图4-17（b）］。如果有翘曲等现象，则说明型材在锤展过程中的情况，没有与铁砧靠平。

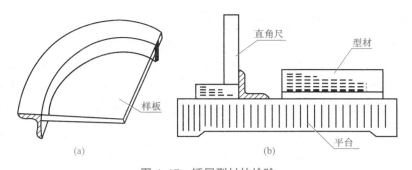

图 4-17 锤展型材的检验

（a）弯度与样板一致；（b）A 边与平台贴合

2. 型材的皱缩

使直型材的 A 边沿纵向产生不等的收缩变形，边缘处收缩多，靠直角处收缩少，直型材就可以向里弯曲成图 4-15（c）所示的形状，这种成型方法称为型材的皱缩。

型材的皱缩，是通过在 A 边上制作波纹，并锤平波纹来实现的。它可以在模胎上进行，也可以在铁砧上进行。图 4-18 所示是在模胎上进行型材皱缩的一种方法，将退火直型材的一端插入模胎上的卡子内，用手握住型材的另一端，加力使其弯曲。此时，型材与模胎接触处的弯矩最大，该处型材的 B 边与模胎贴合，A 边则产生波纹。波纹形成后，继续拉住型材，锤平波纹，使型材局部收缩。不断地形成波纹，又不断地锤平波纹，型材的 A 边就逐渐收缩，使型材弯曲成所需的形状。

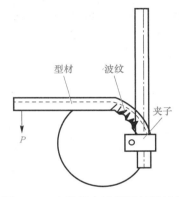

图 4-18　在模胎上进行型材的皱缩

图 4-19 所示是在铁砧上进行型材皱缩的一种方法。开始时，将型材放到下凹的木垫块上，锤击悬空部分使之弯曲，型材的 A 边就会出现波纹。一边移动型材，一边进行锤击，使型材需要收缩的部位形成波纹。然后，将型材放在铁砧上收平波纹。锤平波纹时，为了使型材 A 边收缩较多，提高收缩效率，可在型材的两端各钻一小孔。型材经过第一次收缩后，如果收缩量不够，可以再次退火，再次收缩。

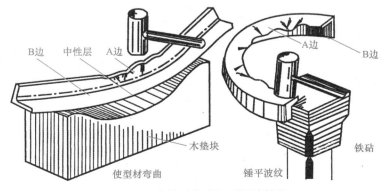

图 4-19　在铁砧上进行型材的皱缩

无论是在模胎上还是在铁砧上皱缩型材，型材 A 边都处于三向压应力状态，在纵向产生收缩变形，宽度和厚度方向产生延伸变形，因而处于一向收缩二向延伸的应变状态。型材在此应力应变状态下，塑性较好，不易裂纹，但变形抗力较大，需要加大锤击力。

在皱缩过程中，应该经常用样板检查型材的弯曲度。当皱缩工作基本结束时，型材的弯曲度应该比需要的稍大，因为型材在矫正过程中，A 边往往会产生一定的延伸变形。如果型材的弯曲度与样板一致，经矫正后，型材的弯曲度就会变小，还需再去收缩型材，给皱缩工作增加困难。

型材在皱缩过程中，它的直角往往容易变小。出现这种现象的原因，与型材 A 边的变形情况有关。我们知道，型材的皱缩过程，就是型材向内弯曲的过程。所以，在型材 A 边边缘部位产生收缩变形的同时，靠近直角处产生延伸变形，并出现中性层，如图 4-20 所示。型材未收缩前，B 边的边缘与直角处的长度是相等的；型材皱缩时，B 边边缘的长度基本保持不变，直角处则因延伸变形而增长，这样一来，两者的弧长不一致，使 B 边向内倾斜，减小型材两边的夹角。型材的弯曲度越大，型材直角处产生的延伸变形也越大，B 边边缘与直角处的弧长越不一致，B 边向内倾斜也越多，型材两边的夹角也就减小得越多。

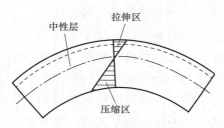

图 4-20　型材向内弯曲

型材直角的减小，影响型材的几何形状，成型时应予以矫正。矫正的办法是锤展 B 边，使其产生相应的延伸变形增大型材的角度。在实际工作中，通常是在每收缩一个波纹的同时，对相邻的 B 边进行适当的锤击，使其产生相应的延伸变形。

工卡标题	扩边件制作		工卡编号	
工作区域			实训日期	
版本	R0		工时	120 min

任务描述	依据图样完成制作。 零件视图 正视图 剖视图A-A

注意事项	1. 严格遵守操作规程； 2. 注意安全，严禁违规作业； 3. 保持环境卫生

类别	名称	规格型号	单位	数量	工作者	检查者
工具、量具						
耗材						

工作步骤	工作者	检查者
1. 对照工具清单清点工具		
2. 依据给定尺寸画线、下料		
3. 去除板料毛刺后在折边机上将板料弯折成90°		
4. 在铁砧上利用铝锤扁头端敲击加工面，锤击点在整个工件表面上分布要均匀，不要敲击到弯折线，锤击范围应在加工面靠外缘3/4平面范围内		
5. 将工件反面翻置过来，采用铝锤圆平头一端锤击，将加工面凸起锤平，保证锤展表面平整、光滑		
6. 勤用样板检查弯曲度，不要锤放过量；如发现边缘有裂纹，应用小圆锉及时锉修出光滑圆弧过渡		
7. 修整工件使其形状、尺寸全面符合图纸要求		
结束工作	工作者	检查者
清点、检查和维护工具，清扫和整理现场		

157

项目二　铆接基本技能

【学习任务】

  本项目通过学习铆接工具设备使用、铆钉选择与布置方法、钻铆钉孔、锪窝、铆接等掌握铆接基本技能，为结构修理奠定基础。

【学习目标】

1. 知识目标

  （1）掌握常用铆接工具的名称、工作原理；

  （2）掌握铆钉选择、布置的方法；

  （3）掌握铆接的操作步骤。

2. 能力目标

  （1）掌握常用铆接工具的使用和维护方法；

  （2）掌握钻孔、锪窝、铆接的方法及操作要点；

  （3）掌握铆接质量缺陷形成原因及排除方法。

3. 素质目标

  （1）养成严谨的航空维修工作作风；

  （2）养成工具三清点的良好工作习惯；

  （3）养成航空产品"零缺陷、无差错"的质量意识。

【工作情景】

  铆接作为三大连接技术之一在现阶段的飞机结构修理过程中仍被广泛运用，铆接操作有何特点？它是如何施工的呢？

任务一　铆接工具和设备的认知与使用

【学习任务】

  本任务主要学习航空修理过程中所涉及的常用工具的使用和维护方法，通过练习能熟练掌握使用风钻、铆枪的操作方法，排除常见的故障。

1. 知识目标

（1）理解风钻、铆枪的组成及工作原理；

（2）掌握风钻、铆枪使用、维护的基本方法。

2. 能力目标

（1）掌握风钻、铆枪的使用、维护方法；

（2）能够排除风钻常见故障；

（3）能够排除铆枪常见故障。

3. 素质目标

（1）养成航空产品"零缺陷、无差错"的质量意识；

（2）养成分工协作的团队合作意识。

【工作情景】

> 手工维修所涉及的铆接工具较多，尤其是小的夹持工具容易遗漏在飞机内部，在操作过程中一定要做好工具三清点才能保证航空产品的质量安全。

【学习内容】

整个铆接过程中使用的工具很多，常用的有制孔工具、制窝工具、铆接工具、气动工具和空气压缩机等。本任务介绍各工具的使用和维护。

一、制孔工具

常用制孔工具是风钻，风钻又分为普通风钻、弯头风钻等。普通风钻是最常用的风钻，它通用性好、功率大，但体积也较大，主要用于开敞性好的工作部位钻孔；弯头风钻主要用于结构狭窄的部位及上下或左右有障碍的非敞开部位的钻孔。

风钻的组成及工作原理

（一）普通风钻

普通风钻主要由手柄部分、动力部分（发动机）、减速部分及钻夹头等组成，如图 4-21 所示。当勾压按钮后，阀杆末端与密封垫之间出现环形通道，压缩空气经进气接头、环形通道进入发动机后部腔内，再经后盖上的孔分主、次两路进入发动机。次路气体由转子端面进入槽内，将叶片从转子槽内吹出，使之贴住气缸壁。主路气体进入气缸，作用在叶片上。由于作用在叶片上的压力不平衡，产生旋转力矩使转子沿一定方向旋转。叶片在转动时所产生的离心力作用下，更紧贴气缸内壁。废气则沿手柄的另一条气路经消声器排入大气，转子旋转时，转子前端的套齿（图中的主动轮）带动两个行星齿轮沿固定在壳体上的内齿旋转。两个行星齿轮固定在一个齿轮架上，当它们沿内齿轮转动时，就会带动齿轮架、钻夹头一起旋转。

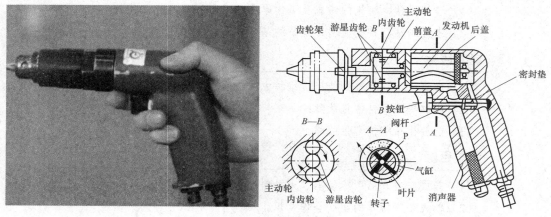

图 4-21　风钻结构

1. 普通风钻的使用与维护

为了保证风钻的正常使用，延长寿命和发挥最大功能，平时必须注意维护。其要求如下：

普通风钻的使用与维护

（1）保证供给足够的工作气压（$4 \times 10^5 \sim 6 \times 10^5$ Pa），气压过低，风钻的工作效率将明显降低。

（2）输气管路要安装油水分离器，以防止水和油污进入风钻。

（3）对连续使用的风钻，每日工作前，从风钻进气口加少量的润滑油一次；使用后，应用布擦拭干净并放在比较干燥的地方保存，以免生锈。长久存放时应涂油密封。

（4）装、卸钻头时要用钥匙，不准用铁锤或冲子击打钻夹头，以免将风钻主轴损伤或变形，影响风钻的精度。

（5）减速器部分每次清洗后，要加润滑脂润滑同时可滴入少量机械油与其混合，保证齿轮机构旋转更加灵活；不能只加机械油进行润滑，以免机械油很快自行流失或被余气吹掉而失去润滑作用。

（6）不随意碰撞和摔打消声器，更不能拆掉消声器。当消声器被杂物堵塞后，可取下用汽油清洗干净。清洗后，可用压缩空气吹干净，使其畅通无阻。

（7）钻孔前要慢速空转，检查齿轮传动是否正常，以免齿轮配合不好而被损坏。

（8）若风钻功率较小，使用中要防止过载或用力过猛。

2. 风钻常遇故障与排除

风钻在经过一段时间的使用后，常会出现一些故障。普通风钻的常见故障、故障原因和排除方法见表 4-2。

表 4-2　　风钻常见故障、故障原因及排除方法

故障现象	产生原因	排除方法
接通气源后，风钻不工作，无气息	（1）进、排气路被堵塞。 （2）后盖位置装错，气路不通。 （3）前、后盖安装位置颠倒	（1）检查进、排气路，清除脏物。 （2）重新安装后盖，保证进气口畅通。 （3）重新拆装动力部分
通气后不转，但有排气声	（1）动力部分有故障，转子在气缸内的端面间隙被破坏，前后盖松动，叶片不滑动等。 （2）减速机构有故障，根本不转动	（1）检查转子轴颈与轴承内孔是否呈过盈配合，如果是动配合，应更换转子；检查叶片是否过厚或过长，动力部分是否松动。 （2）检查各齿轮形是否正常，测量中心距是否超差，滚珠及其他零件是否破碎，不合格的应更换并重新装配
动力部分工作正常，但无转速输出	内齿轮固定不牢，与行星齿轮一起转动，钻夹头不动	（1）检查手柄与壳体连接处是否松动，松者拧紧。 （2）若拧紧手柄后无效，可在内齿轮端面加薄垫片，使之能压紧齿轮。 （3）靠外端过盈固定内齿轮时，如果外径过小，要更换
风钻排气呈"噗噗"声，或忽高忽低，工作不正常，钻夹头转速很慢	（1）动力部分不正常。 （2）减速结构转动不灵活	（1）检查动力部分各部位配合是否正确。 （2）齿形超差，同轴度不好，中心距不合格，轻者可进行研磨，重者要更换
各部位工作正常，但输出扭矩很小（没劲）	（1）气压不正常，或气路有故障，进气量不够。 （2）动力部分漏气严重。 （3）排气面积不够	（1）检查气压和各部位进气面积。 （2）检查叶片是否过短，转子端面间隙是否过大。 （3）加大排气量
风钻的前部位发热，甚至烫手，排气声忽高忽低	减速机构及传动部位不正常，因摩擦生热所致	查找传动部位有关零件（齿形、中心距等）是否合格，或有杂物
开始工作正常，短时间后，功率下降	（1）动力部分有故障。 （2）气路有杂物堵塞，影响进气量	（1）此种情况多因转子轴颈过小所致，更换轴颈合适的转子后，故障即可排除。 （2）清除杂物
正常使用1～2年后，功率逐步下降	主要是叶片与气缸内壁正常磨损，造成漏气	更换磨损零件

（二）弯头风钻

弯头风钻又称角向风钻，与普通风钻相比，弯头风钻的通用性较差，钻夹头只能夹持一种直径的钻头，但其结构小巧紧凑，使用灵活。弯头风钻与普通风钻的主体基本相同，所不同的是弯头风钻将普通风钻的钻夹头换成带弹性夹头的弯头机构。

弯头是弯头风钻的特殊机构，它的几何尺寸小，以适应各种狭窄部位钻孔的需要。根据钻孔部位的不同，弯头角度也不同，主要有30°、45°、90°或万向等（图4-22），弯头的主要传动件是一对锥齿轮，依靠它们传递扭矩和改变主轴方向。

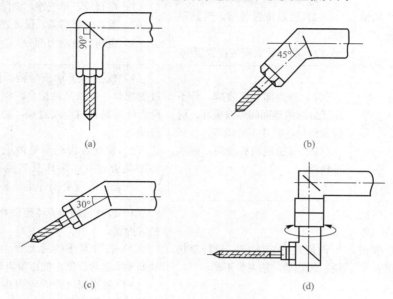

(a)   (b)

(c)   (d)

图 4-22   各种弯头形式

（a）90°；（b）45°；（c）30°；（d）万向

（三）制窝工具

为了使飞机表面光滑，具有良好的空气动力特性，蒙皮和构架的铆接多采用埋头铆钉（又称为沉头铆钉），为此要在蒙皮上制作埋头窝（图4-23）。埋头窝的制作工具包括划窝工具和压窝工具两大类。

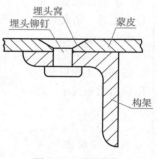

图 4-23   埋头窝

1. 划窝工具

划窝工具主要就是划窝钻（也称锪钻）。划窝钻分为单一式（图4-24）和复合式（图4-25）两种；按划窝角度又分为90°和120°两种。

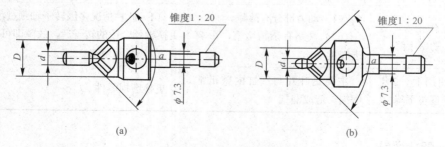

(a)   (b)

图 4-24   单一式划窝钻

（a）柱形导杆；（b）球形导杆

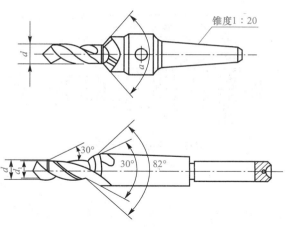

图 4-25　复合式划窝钻

2．压窝工具

（1）压窝器。在铆接工作中，常常用压窝器对薄蒙皮进行冲窝。压窝器由阴模和阳模组成。这种压窝器可以手打使用，也可以安装在手动压窝钳、手提式风动压窝机或手提式风动压铆机上使用。压窝器阴阳模工作部分的尺寸见表 4-3。

表 4-3　压窝器阴阳模工作部分的尺寸

铆钉直径		2.6	3.5	4	5
阳模	$D_1^{+0.07}$	5.7	6.45	7.25	8.15
	$H^{+0.02}$	1	1.05	1.15	1.25
	d_1	2.2	2.5	2.5	2.5
阴模	$D_2^{+0.07}$	6.02	6.77	7.57	8.47
	$d^{+0.025}_2$	3.6	3.9	4.4	5.2

（2）压窝工具。常用的压窝工具主要有手打工具（图 4-26）、手提压窝钳（图 4-27）和手提式风动压窝机（图 4-28）等。

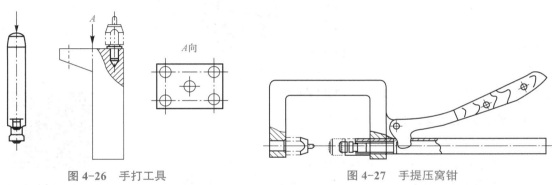

图 4-26　手打工具　　　　　　　　　　图 4-27　手提压窝钳

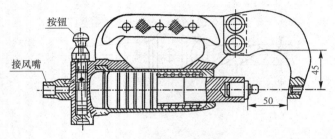

图 4-28　手提式风动压窝机

■ 二、铆接工具

在铆接过程中，铆接工具的作用是产生一定的锤击力或静压力使铆钉产生一定的变形，形成镦头，从而完成铆接。不同的铆接方法有相应不同的铆接工具。在这里主要介绍普通铆接所用铆接工具。

（一）铆枪

铆枪是铆接工作中的主要工具，其种类很多。铆枪的结构如图 4-29 所示。铆枪工作时，利用铆枪中的活塞多次打击型杆，并通过型杆锤击铆钉，使其形成镦头。活塞在壳体内的往复冲击是靠铆枪内的气路来保证的。铆枪的工作步骤分为活塞的工作行程、活塞的返回行程和活动阀的换向三步。

铆枪的构造
与工作原理

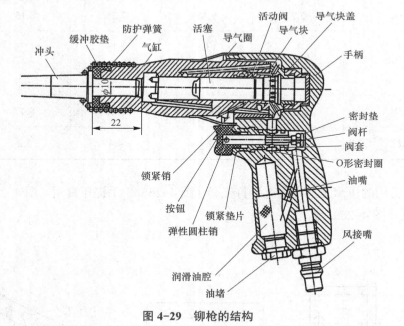

图 4-29　铆枪的结构

铆枪的握持
与试铆

1. 铆枪的使用与维护

使用铆枪时应注意以下问题：

（1）不能随意打空枪，以免损坏机件。

（2）应保持规定的进气压力。进气压力过小，会降低铆锤的做功量，

铆枪的使用与维护

164

不仅铆接效率低，铆钉镦头还可能因锤击次数过多而出现裂纹。

（3）应"先顶紧，后开枪"即冲头顶紧铆钉后才按压按钮。否则，活塞产生往返运动，会消耗一部分能量，活塞撞击壳体，使铆枪损坏。

（4）阀杆与阀套间的开度由按钮控制。按下越多，开度越大，进气量越多，铆枪的做功量越大。使用中应利用按钮控制铆枪的做功量。铆接刚开始，由于铆钉杆较长，铆钉杆与铆孔之间的间隙较大，受锤击时铆钉杆容易弯曲。因此，应轻压按钮，使铆枪做功量小一些，待铆钉杆填满铆孔后，则重压按钮，增大铆枪做功量，以迅速形成镦头。镦头接近完成时，再逐渐放松按钮，防止镦头打得过低。"轻—重—轻"是锤击铆钉时按压按钮的规律。

（5）在使用中，应经常注油润滑。

2．铆枪常遇故障和排除方法

铆枪常遇故障和排除方法见表4-4。

表4-4　铆枪常遇故障和排除方法

故障	原因	排除方法
功率降低	（1）工作气压低； （2）活动阀与导气块的配合间隙因磨损而增大	（1）保证规定气压； （2）更换零件，保证配合间隙为 0.015～0.03 mm
活塞或活动阀卡死	（1）污物把活塞或活动阀卡死； （2）因空打使活塞与气缸相配合的部位产生毛边； （3）气缸上的导气孔被污物堵死	（1）清洗； （2）修磨毛边； （3）清洗
耗气量增大	（1）活动阀与气缸和导气块间隙因磨损而增大； （2）冲头尾柄与气缸的配合间隙增大	（1）更换活动阀或导气块； （2）更换冲头
润滑不正常	油嘴小孔被堵	清洗
按钮开关失灵	（1）O形密封圈损坏； （2）阀杆磨损	（1）更换O形密封圈； （2）更换阀杆

（二）冲头

冲头又名型杆，它的作用是保持铆钉镦头的形状和传递锤击时的荷载。常用冲头的形状如图4-30所示。

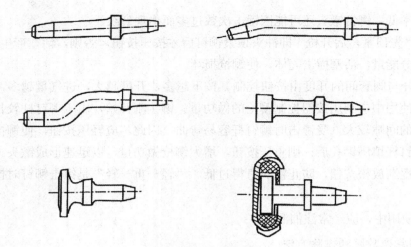

图 4-30　冲头的形状

为了保持铆钉镦头形状正确，冲头的形状必须随铆钉镦头的形状而定。铆钉镦头为半圆头或大扁圆头时，冲头应带有圆坑形的窝子〔图 4-31（a）〕。铆钉镦头为平头时，冲头的工作面为平面〔图 4-31（b）〕。对于平头形的镦头，冲头工作面还可以带有圆柱形的窝子〔图 4-31（c）〕，窝子的作用是限制镦头的直径和高度。铆接时，若冲头直接与铆钉杆尾部接触，它的工作面可稍粗糙一点，防止铆接过程中冲头在镦头上滑动。当冲头与铆钉头、构件表面接触时，它的工作面要稍光滑一些。铆接半圆头、大扁圆头或平锥头铆钉时，冲头窝子的尺寸要比铆钉头的尺寸稍大。窝子过小会压伤铆钉；窝子太深、太大又将损伤构件表面。铆接埋头铆钉时，为了防止损伤蒙皮表面，可以采用带钢片或橡皮圈的冲头（图 4-32）。带橡皮圈的冲头，橡皮圈凸出冲头工作面约 0.5 mm，防止冲头边缘棱角刻伤蒙皮。

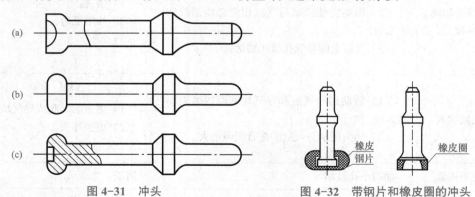

图 4-31　冲头
（a）带圆坑形的窝；（b）工作面为平面；（c）带圆柱形的窝

图 4-32　带钢片和橡皮圈的冲头

使铆钉杆变形的锤击力是通过冲头传递的，冲头承受锤击时，如果它的材料较软，易于变形，消耗铆枪的做功量就多；冲头的质量越大，消耗铆枪的做功量也越大。为了减小冲头对铆枪做功量的消耗，冲头应由刚性和韧性较好的材料制成，通常是用淬火的高碳钢或镍铬钢等材料来制作，冲头的质量一般为 0.1～0.3 kg。

用于铆枪的冲头，是安装在铆枪的前端，因而需要注意冲头尾部的直径和长度。如果直径过小，就会增大铆枪气缸和冲头之间的间隙，使铆枪的漏气量增加，降低铆枪的功率。通常冲头尾部与铆枪气缸间的间隙为 0.05 ～ 0.1 mm。如果冲头尾部的长度过长，会缩短活塞的行程，降低铆枪的做功量；如果冲头尾部的长度过短，容易使活塞撞伤壳体。因此，通常冲头与铆枪是配套的，工作中不得随便更改其质量和尺寸。如果为了工作的需要，加长、加大冲头时，则要相应地增大铆枪的做功量，以补偿冲头对能量的消耗。

（三）顶铁

在铆接过程中，顶铁的作用是支撑在铆钉的一端，使铆钉杆在锤击力的作用下受到较大的压力而产生变形。

顶铁在锤击力的作用下，势必产生移动，消耗铆枪的做功量，减少铆枪作用于铆钉杆的锤击力。如果顶铁质量过小，顶铁在锤击力的作用下，移动的速度就快，消耗的做功量就多。如果顶铁的质量过大，操作者易于疲劳，不易掌握。因此，顶铁的质量是有一定限制的，通常它的质量见表 4-5。

表 4-5　顶铁质量

铆钉直径 /mm				2.5	2.6	3	3.5	4	5	6	7	8
铆钉材料	硬铝	正铆法	顶铁质量 /kg	5.0	5.0	6.0	7.0	8.0	10	12	14	16
		反铆法		1.25	1.3	1.5	1.7	2.0	2.5	3.0	3.5	4.0
	钢	正铆法		10	10	12	14	16	20	24	30	36
		反铆法		2.5	2.6	3.0	3.5	4.0	5.0	6.0	7.0	8.0

图 4-33 所示是几种普通顶铁。形状简单的用于易接近铆钉的地方；形状较复杂一些的，用于不易接近铆钉的地方。无论使用哪种顶铁，其质量应力求集中在铆钉轴线附近，否则，顶铁不能充分发挥作用。

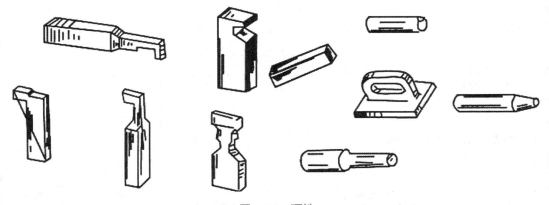

图 4-33　顶铁

【工作任务的实施】

工卡标题	常用铆接工具的使用			工卡编号		4-2-1
工作区域				实训日期		
版本	R0			工时		120 min
任务描述	对照工具清单按要求进行工具的清点，检查工具的型号规格是否符合要求，检查工具是否能正常使用，对工具进行日常的维护和保养工作。考核结束时，需提交工卡					
注意事项	1. 严格遵守操作规程； 2. 注意安全，严禁违规作业； 3. 保持环境卫生					
类别	名称	规格型号	单位	数量	工作者	检查者
工具、量具	铆壳		个	2		
	风钻		把	1		
	铆枪		把	1		
	大力钳		把	1		
	螺旋式定位销		个	3		
耗材	钻头	直柄麻花钻	个	1		
	铝板	LY12CZ-1.2	块	2		
	油壶		把	1		

工作步骤	工作者	检查者
1. 对照工具清单清点出所有工具		
2. 检查工具型号规格的符合性（列出不符合的工具）		
3. 检查麻花钻（写出存在问题）		
4. 回答问题：气钻的日常维护、保养和使用注意事项（写出3条以上）		
5. 气钻钻孔		
6. 回答问题：铆枪的日常维护、保养和使用注意事项（写出3条以上）		
7. 铆枪试枪及铆接		
8. 回答问题：工具的三清点		
9. 回答问题：工具的三不放		
结束工作	工作者	检查者
清点、检查和维护工具，清扫和整理现场		

168

任务二　铆钉的选择与布置

📋 **【学习任务】**

　　本任务主要学习航空铆钉的种类、铆钉的选择方法、铆钉布置的依据，为铆接施工做好准备。

◎ **【学习目标】**

1．知识目标

　　（1）熟悉铆钉的种类；

　　（2）掌握铆钉选择、布置方法。

2．能力目标

　　（1）通过公式计算铆钉的长度；

　　（2）根据板材厚度确定铆钉直径；

　　（3）根据边距、铆距、排距排列铆钉。

3．素质目标

　　（1）养成航空产品"零缺陷、无差错"的质量意识；

　　（2）养成爱岗敬业、吃苦耐劳的劳动精神。

📋 **【工作情景】**

　　每架飞机的损伤部位、损伤情况都不一样，这就需要维修人员根据不同的损伤区域合理地选择铆钉、布置铆钉从而符合结构修理的要求。

📖 **【学习内容】**

　　用普通铆钉进行的铆接称为普通铆接。普通铆钉是由铆钉头和实心的铆钉杆组成的。普通铆接的工艺过程一般包括选择铆钉、布置铆钉、钻孔划窝、铆接和质量检验五个步骤。普通铆接具有工艺过程比较简单，连接构件强度稳定可靠，质量检验和排故也较容易等特点，因而广泛应用于飞机机体零部件及组合件的连接。

■ 一、普通铆钉的种类和选择

　　（一）普通铆钉的种类

　　普通铆钉从形状来区分，主要有半圆头铆钉、平锥头铆钉、90°沉头铆钉、120°沉头、半沉头铆钉及大扁圆头铆钉六种。每种铆钉都有国家规定的标准代号，各种铆钉的形状简图、尺寸及公差见表4-6。

表 4-6　铆钉的形状简图、尺寸及公差

铆钉名称代号	简图	d	2	2.5	3	3.5	4	5	6	8	10
		允差	±0.06			±0.08			±0.01		
半圆头铆钉 GB 867—1986		D	3.5	4.6	5.3	6.3	7.1	8.8	11	14	17
		允差	±0.24			±0.29			±0.35		
		H	1.2	1.6	1.8	2.1	2.4	3	3.6	4.8	6
		允差	±0.20						±0.24		
平锥头铆钉 GB 868—1986		D	3.6	4.5	5.4	6.3	7.2	9	10.8	14.4	18
		允差	±0.24			±0.29			±0.35		
		H	1	1.3	1.5	1.8	2	2.5	3	4	5
		允差	±0.20						±0.24		
90°沉头铆钉 GB 869—1986		D	3.9	4.6	5.2	6.1	7	8.8	10.4	14	17.6
		允差	±0.15			±0.18			±0.22		
		H	1	1.1	1.2	1.4	1.6	2	2.4	3.2	4
120°沉头铆钉 GB 954—1986		D	4.6	5.2	6.1	6.9	7.8	9.5	11.5	15.6	
		允差	±0.15			±0.18			±0.22		
		H	0.8	0.9	1	1.1	1.2	1.4	1.7	2.3	
大扁圆头铆钉 GB 1011—1986		D	4.8	6.2	7.2	8.5	9.6	12.1	14.5	19.5	
		允差	±0.24	±0.29				±0.35		±0.42	
		H	0.9	1.2	1.4	1.7	1.9	2.4	2.8	2.9	
		允差	±0.1		±0.20					±0.34	
120°半沉头铆钉 GB 1012—1986		D			6.1	6.9	7.8	9.5	11.5		
		允差				±0.18			±0.22		
		H			1	1.1	1.2	1.4	1.7		

从材料上来区分，普通铆钉又可分为铝铆钉、钢铆钉和铜铆钉等。为了便于从外表来识别铆钉的材料，在铆钉头上做有标记。对标记相同材料不同的铆钉，可以从铆钉的颜色和质量上来区分。普通铆钉的材料及其标记见表4-7。

表4-7 普通铆钉的材料及其标记

材料	标记	符号	备注
铝合金	LY10		无符号
	LY1		一个凹点
	LF10		二个凸点
	LF21		三个凸点
	L4		一条凸线
钢	ML20MnA		一个凹点
	MLC15 ML10 1Cr18Ni9Ti		无符号
紫铜 黄铜	T3 H62		无符号

有了上述的标准代号和标记，不同形状、不同规格（指铆钉杆的直径和长度）、不同材料的铆钉可用不同的牌号表示。普通铆钉的牌号为 $d×l×$GB$×××$M，其中：

d——铆钉杆的直径（mm）；

l——铆钉杆的长度（mm）；

GB$×××$——国家标准规定的铆钉形状代号；

M——铆钉的材料。

例如：牌号为 $3.5×12$GB 867LY10 的铆钉，表示该铆钉的材料为 10 号硬铝，铆钉头形状为半圆形，铆钉杆直径为 3.5 mm，铆钉杆长度为 12 mm。

（二）普通铆钉的选择

普通铆钉的选择指的是铆钉的材料、直径、长度和形状的选择。

1. 铆钉材料的选择

铆钉的材料主要是根据构件的材料和受力情况来决定的。材料强度较高，受力较大的构件，铆接时，一般选用材料强度较高的铆钉。材料强度较低，受力较小的构件，铆接时，一般选用材料强度较低的铆钉。这是由于铆接构件承受荷载时（图 4-34 中的构件受压），铆钉受到剪切和挤压。构件和铆钉两者的受力不是彼此孤立的而是互相联系，互相制约的，任何一方的强度不足，都会导致整个铆接构件的损坏。

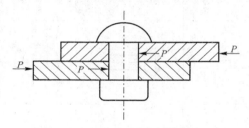

图 4-34　铆钉和构件的受力情况

为了保证构件和铆钉任何一方不首先破坏，铆钉的材料强度应与构件的材料强度相等。但在飞机的结构修理中，更换铆钉比较容易，而更换构件比较困难，因此，通常规定：铆钉材料的强度略低于构件材料的强度。

2. 铆钉直径的选择

铆接构件受力时，铆钉会同时产生剪切和挤压变形，它所受的剪力和挤压力是相等的。如果铆钉本身的破坏剪力 $q_{破}$ 与破坏挤压力 $p_{挤破}$ 不等，当强度较低的一方达到破坏时，另一方的剩余强度也将失去作用，这样铆钉就不能充分发挥作用。

根据等强度的原则，铆钉承受的剪力和挤压力必须相等。依据构件的厚度来选择铆钉直径是使铆钉充分发挥作用的最基本的有效方法。

对于一般铝合金材料来说，它的抗挤压强度极限（$\sigma_{挤破}$）等于它的抗拉强度极限（σ_b）的 1.5～1.8 倍，它的抗剪强度极限（τ_b）约等于抗拉强度极限（σ_b）的 60%，所以：

$$d=(3～4)\delta \qquad (4-8)$$

从式（4-8）中可知，构件越厚，铆钉直径越大；构件越薄，铆钉直径越小。为此，我们可以得出如下结论：铆钉的直径与铆接构件的厚度成正比。

在实际修理工作中，铆接构件的厚度是由几个构件的厚度叠加在一起的，因此公式（4-8）必须加以修正。根据实验，铆钉∑的直径可采用下式计算。即

$$d = 2\sqrt{\sum \delta}$$ （4-9）

式中，$\sum \delta$ 为铆接构件的总厚度。目前，飞机结构修理中常用的铆钉直径有 3.0、3.5、4、5、6（mm）等几种。当$\sum \delta < 3.0$ mm 时，可选用直径为 3.0 mm 或 3.5 mm 的铆钉；当$\sum \delta \geqslant 3.0$ mm 时，可选用直径在 4 mm 以上的铆钉。

3. 铆钉杆长度的选择

铆钉杆的需用长度 l 取决于铆接构件的总厚度$\sum \delta$ 和铆钉镦头的尺寸（镦头的直径 D 和镦头的高度 h）。在修理工作中，铆接构件的总厚度是已知的。而镦头的尺寸和铆钉杆的直径有一定关系。这个关系是根据镦头需要的强度来确定的。就是使镦头的破坏剪力 $q'_{破}$、破坏挤压力 $p'_{挤破}$ 和铆钉的破坏拉力相一致。为了保证镦头尺寸和计算方便，其计算公式为

$$l = \frac{d_{0min}^2}{d_{min}^2} \sum \delta + d_{min}$$ （4-10）

式中　l——铆钉杆的长度；

d_{0max}——铆钉孔最大直径；

d_{min}——铆钉的最小直径；

$\sum \delta$——铆接件的总厚度。

用式（4-10）求铆钉杆的长度，需要测量出铆孔的最大直径和铆钉的最小直径，应用比较麻烦。在修理中，经常使用经验公式，见表4-8。

表 4-8　计算铆钉长度的经验公式

铆钉杆直径 d	铆钉杆长度 l
2.6	$\sum \delta + 1.4d$
3	
3.5	$\sum \delta + 1.3d$
4	
5	$\sum \delta + 1.2d$
6	
7	$\sum \delta + 1.1d$
8	

如果铆钉镦头的形状呈半圆形（图4-35），铆钉杆的长度应为

$$l = \sum \delta + 1.5d$$

如果构件的厚度较薄，采用冲窝铆接（图4-36）铆钉杆的长度按经验公式（4-11）计算：

$$l = \sum\delta + \delta_1 + 1.3d \qquad (4-11)$$

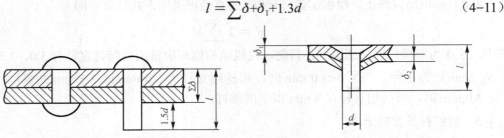

图 4-35　镦头呈半圆头形铆钉杆长度　　　　图 4-36　冲窝铆接时铆钉杆长度

4. 铆钉头形状的选择

沉头铆钉铆接后表面光滑，空气阻力小，多用于高速飞机的表面。其余铆钉，铆接后空气阻力大，多用于飞机内部构件。

■ 二、铆钉的布置

铆钉的布置通常是根据构件结构形式和铆接构件的受力情况来决定的。

（一）构件结合形式

（1）搭接：这种结合形式多用于飞机机体结构的内部，如图 4-37（a）所示。

（2）对接（也称平接）：分为单盖板和双盖板对接，如图 4-37（b）所示。单盖板对接多用于机体结构的表面；双盖板对接多用于机体结构内部构架。

（3）纵条结合：它是蒙皮与构架结合的主要形式，如图 4-37（c）所示。

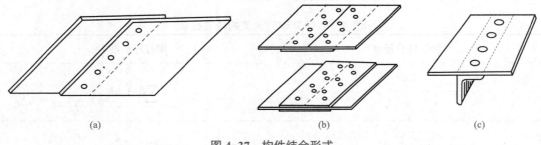

(a)　　　　　　　　　　　　　(b)　　　　　　　　　　　　　(c)

图 4-37　构件结合形式
（a）搭接；（b）对接；（c）纵条结合

（二）铆钉的排列

在各种结合形式中，铆钉的排列分为并列和交错排列两种，如图 4-38 所示。

（1）铆距：在一排铆钉中，相邻两个铆钉中心之间的距离，称为铆距，用"t"表示。

（2）排距：铆钉的中心线与它相邻的另一排铆钉中心线之间的距离，称为排距，用"a"表示。

（3）边距：靠近边缘的铆钉，它的中心至构件边缘的垂直距离称为边距，用"c"表示。

从铆钉的排列形式可以看出，铆钉的布置就是研究铆接构件的铆距、边距和排距如何确定的问题。

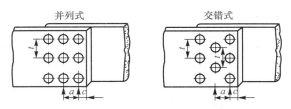

图 4-38　铆钉的排列

（三）铆钉的布置

研究铆钉的布置，必须了解铆接构件的受力情况，才能做到心中有数，合理布置。

在每排铆钉中，由于各个铆距都是彼此相等的。因此，只需要分析宽度等于一个铆距的一小段接缝（图 4-39、图 4-40）就可以知道铆接接缝全部的受力情况。

从图 4-39 和图 4-40 中可以看出，当铆接构件承受拉力 P 时，板承受拉力，铆钉承受剪力，板与铆钉互相挤压承受挤压力，在铆钉处板还受到剪力。如果铆钉布置不合理，铆距 t 过小，板就容易拉断；边距 c 过小，板就容易被剪坏。

为了防止板单独被拉断、剪断或挤压坏，布置铆钉时就必须使板的破坏拉力、破坏剪力、破坏挤压力彼此相等。在飞机铆接修理中，一般按以下要求确定：

边距：最小边距必须保持为 $2d$，通常采用边距为 $2.5d$。

铆距：对于 m 排铆钉的铆接构件而言，由公式 $t=d(1+1.8m)$ 计算，一般取 $t=（3～8）d$。

排距：在实际修理当中通常取 $a=（2.5～3.5）d$。

多排铆钉布置还存在每排铆钉布置多少的问题，如三排铆钉的铆接件，构件边缘的应力比中间的应力大，为使构件具有足够的强度，布置铆钉时，中间应多布置一些，边缘少一些。

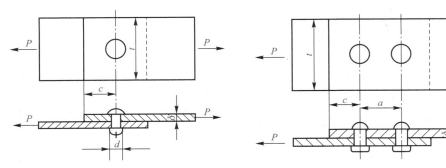

图 4-39　单排铆钉接缝的受力情况　　　　图 4-40　双排铆钉的小段接缝受力情况

工卡标题	铆钉布置计算		工卡编号		4-2-2
工作区域			实训日期		
版本	R0		工时		30 min
任务描述	按图纸要求完成铆钉配置。 40 3.5×LGB 867LY1 (4个) R=10 1. 第一排10个铆钉，铆距自己计算，第二排交错排列 2. 第一排3.5×LGB 954LY1第二排3.5×LGB 867LY1				
注意事项	1. 严格遵守操作规程； 2. 注意安全，严禁违规作业				

类别	名称	规格型号	单位	数量	工作者	检查者
工具、量具	钢直尺		把	1		
	圆规		个	1		
耗材	马克笔		支	1		
	LY12CZ-1.2		块	1		

工作步骤	工作者	检查者
1. 对照工具清单清点工具		
2. 回答问题：列出 4 种以上铆钉，并说明其特征		
3. 测量板料长度并确定边距，边距取值为_____		
4. 依据板料长宽确定铆距、排距： 铆距公式_____ 排距公式_____		
5. 利用圆规、马克笔标记出铆钉位置		

结束工作	工作者	检查者
清点、检查和维护工具，清扫和整理现场		

任务三　铆孔和埋头窝的制作

【学习任务】

本任务主要学习航空铆钉孔和埋头窝的制作，用到的工具为气钻和锪窝钻，窝、孔质量的关键在于掌握气钻的使用技巧。窝、孔质量不符合要求直接影响后续铆接工序的施工质量，因此相当关键。

【学习目标】

1. 知识目标

（1）熟悉风钻钻孔的技术要求；

（2）掌握合格铆钉孔的技术标准；

（3）知道锪窝深度限制器的结构组成；

（4）知道锪窝操作技术要求；

（5）熟知铆钉窝的技术要求。

2. 能力目标

（1）使用风钻钻制合格铆钉孔；

（2）排除风钻钻孔缺陷；

（3）使用风钻锪制合格铆钉窝；

（4）根据边距、铆距、排距排列铆钉。

3. 素质目标

（1）养成严谨细致的工作作风、吃苦耐劳的工作态度；

（2）养成工具三清点的良好工作习惯

（3）养成关注细节、精益求精的航空工匠精神。

【工作情景】

高速飞机的外表面气动外形要求非常高，因此采用大量的沉头铆钉进行连接。然而沉头铆钉窝并不好制作，窝孔深度超标会降低结构强度，深度不够则影响气动外形，如何快速有效地制作铆钉窝呢？

■ 一、铆孔的制作方法

制作铆孔时，必须正确选择钻头直径。由于普通铆钉的直径存在公差，钻头直径必须稍大于铆钉直径，铆钉才能顺利放入铆孔。然而钻头直径过大，又将使铆孔过大，在形成镦头的过程中，铆钉杆容易弯曲，而且不能挤满铆孔。当铆接构件受力时，未填满铆孔的铆钉，承担的荷载就小，填满铆孔的铆钉，承担的荷载就大。这样，各个铆钉的受力不均，不能充分发挥每一个铆钉的作用，降低了铆接构件的强度。

各类工件的钻孔方法

钻孔的操作要点

制作铆钉孔

钻孔时，为了防止两构件的铆孔彼此错开，应用固孔销或小螺栓将两构件临时固定。图 4-41 所示为固孔销和固孔销钳及其使用情况。

制作铆钉孔应注意以下问题：

（1）铆钉孔椭圆度应在铆钉孔直径偏差内。

（2）铆钉孔不允许有毛刺、棱角、破边和裂纹。允许孔边形成 0.2 mm 深的倒角。

（3）铆钉应垂直于铆接构件的表面。

（4）带有斜面的零件，当 $a>10 \text{ min}$ 时，铆钉的端面应锪平。

（5）楔形铆接件的钻孔按图 4-42 所示进行。

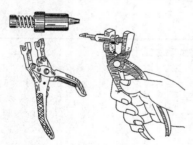

图 4-41　固孔销和固孔销钳

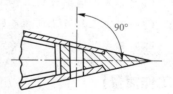

图 4-42　楔形铆接件的钻孔

■ 二、埋头窝的制作方法

在铆接工作中，制作埋头窝时，必须从蒙皮构架的具体情况出发，采用不同的制窝方法。

当蒙皮的厚度较厚，等于或大于 1 mm 此时不考虑构架的厚度，对蒙皮进行划窝［图 4-43（a）］；当蒙皮和构架的厚度都小于或等于 0.8 mm 时，则采用冲窝的方法［图 4-43（b）］；当蒙皮的厚度小于等于 0.8 mm，而构架的厚度大于 0.8 mm 时，则在构架上划窝，对蒙皮进行冲窝［图 4-43（c）］。

铆钉窝的检查

制作沉头窝

制窝方法的选择

(a)　　　　　　　(b)　　　　　　　(c)

图 4-43　制窝形式

（a）划窝；（b）冲窝；（c）构架划窝，蒙皮冲窝

1．划窝法

具体方法：在蒙皮和构架钻好铆孔后，用划窝钻头在蒙皮上划窝。划窝时，要求划窝钻的角度和铆钉头的角度相同，划窝钻导销的直径应等于铆孔直径，划窝钻的直径略大于铆钉头的直径。其关系见表 4-9。

表 4-9　划窝钻直径与铆钉头直径的关系

铆钉头角度 α	120°							
铆钉直径 d	2.6	3.0	3.5	4.0	5.0	6.0		
铆钉头直径	5.35	6.1	6.9	7.8	9.5	11.5		
划窝钻直径 D	5.45	6.2	7	7.9	9.6	11.6		
铆钉头角度 α	90°							
铆钉直径 d	2.6	3.0	3.5	4.0	5.0	6.0	7.0	8.0
铆钉头直径	4.6	5.2	6.1	7	8.8	10.4	12.2	14
划窝钻直径 D	4.7	5.3	6.2	7.1	8.9	10.7	12.5	14.3

划窝时，要求划窝钻的轴线与蒙皮表面垂直，楔形铆接件的划窝应采用带球形短导销的划窝钻，如图 4-44 所示。划窝的深度等于或稍小于铆钉头的高度，因为划窝过浅，铆接后铆钉头凸出过多，影响飞机的空气动力性能；划窝过深，铆接后铆钉头与埋头窝结合不紧，一方面会降低铆接强度；另一方面容易储存水分和脏物，引起腐蚀。因此，应尽可能使用可调的划窝深度限制器，以便准确控制制窝的深度。

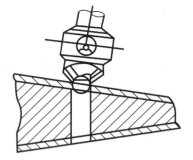

图 4-44　楔形铆接件的划窝

2．冲窝法

当蒙皮的厚度较薄时，如果仍旧采用划窝法来制作埋头窝，那就会使蒙皮的强度削弱较多，蒙皮在空气动力的作用下，容易在铆孔处脱离。在这种情况下，可采用冲窝法来制作埋头窝。

冲窝法有两种：第一种方法是阴阳模冲窝，如图 4-45 所示；第二种方法是用铆钉和阴模冲窝，其步骤如图 4-46 所示，由于铆钉头的强度较小，因而只适用蒙皮厚度很小的情况，一般来说，蒙皮厚度小于铆钉头高度的一半时才采用这种方法。

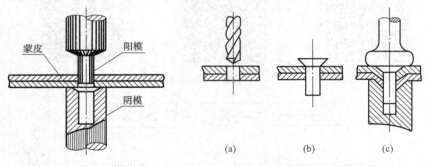

图 4-45　用阴阳模冲窝　　　图 4-46　用铆钉和阴模冲窝

（a）钻孔；（b）放入铆钉；（c）冲窝

目前飞机修理工作中，常采用简单阴阳模进行冲窝。冲窝时，蒙皮在埋头窝弯折处（图 4-47），将产生径向的拉伸和压缩应力，使材料在冲窝后产生弹性回跳，引起埋头窝的表面不平。因此，冲窝法铆接后的表面质量比划窝法铆接后的表面质量低。埋头窝弯折处的弯曲半径过大，表面质量就差；弯折处的弯曲半径过小，容易在弯折处产生裂纹。因此冲窝时，必须注意埋头窝弯折处的弯曲半径。在埋头窝的周向主要产生拉伸应力。这种拉伸应力，一方面会使铆孔尺寸变大；另一方面容易使埋头窝边缘产生微小的缺陷，蒙皮在空气动力或其他荷载的作用下，这些微小的缺陷不断扩展容易使埋头窝出现裂纹。

为了防止这种缺陷的出现，冲窝法分为预钻孔（孔径小于铆钉直径，见表 4-10）、冲窝、扩孔三个步骤，如图 4-48 所示。扩孔的目的，一是保证铆孔尺寸准确；二是钻去冲窝时引起埋头窝边缘的细小缺陷。

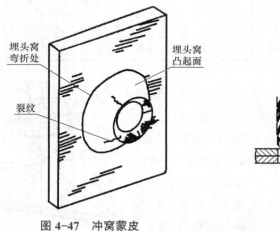

图 4-47　冲窝蒙皮　　　　　　图 4-48　冲窝法的步骤

表 4-10　预钻孔的钻头直径

铆钉直径 /mm	2.6	3.0	3.5	4.0	5.0
钻头直径 /mm	2.4	2.7	3.1	3.6	4.5

对钛合金和镁合金零件应采用热冲窝法。钛合金的加热温度一般为 250 ℃ ±50 ℃。镁合金（MBL）的加热温度为 325 ℃～375 ℃。

3．划冲结合法

如果构架的厚度较厚，大于或等于 0.8 mm，而蒙皮的厚度较薄（小于或等于 0.8 mm），采用冲窝法时，由于构架较厚，不易冲出埋头窝，而且会使构架变形；采用划窝法时，又会过分地削弱蒙皮的强度。在这种情况下，必须采用划窝和冲窝相结合的办法。具体方法：先在构架上钻孔划窝，划窝深度一般比铆钉头高度大，以便容纳一部分蒙皮；然后在蒙皮上钻孔冲窝，如图 4-49 所示。

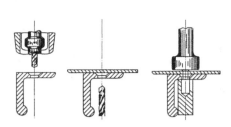

图 4-49　划窝和冲窝相结合

4．制窝的技术要求

（1）埋头窝的角度应符合铆钉头的角度，有 90°和 120°两种。

（2）埋头窝的深度应比铆钉头的最小高度小 0.02～0.05 mm，用铆钉检查时，钉头相对零件表面的凸出量为 0.10 mm。

（3）在构架上划窝进行冲窝时，划窝深度应比铆钉头高度大，90°沉头铆钉应大 0.48δ，120°沉头铆钉应大 0.15δ（δ 为冲窝层总厚度）。

（4）埋头窝的轴线应垂直于蒙皮表面，并与孔的轴线一致，窝的表面应光滑洁净，不允许有棱角、划伤。

（5）冲窝附近不允许局部有高低不平，从零件表面过渡到钉窝表面应平滑，扩孔到最后尺寸不应有裂纹、破边。

（6）窝的椭圆度允许至 0.2 mm，个别可至 0.3 mm，但数量应不超过技术条件的规定。

（7）由于划窝钻套和冲窝器而造成零件表面的痕迹、凹陷、轻微的机械损伤是允许的，但其深度应小于材料包铝层厚度。此种窝不得超过铆钉排内总数的 3％。

（8）双面埋头窝铆接的镦头窝。

第一类镦头划窝的角度为 90°，如图 4-50 所示。窝的直径 D 见表 4-11。

第二类镦头窝采用冲窝时，其窝的形式，如图 4-51 所示。

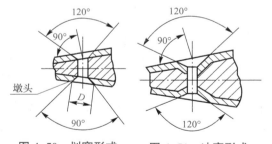

图 4-50　划窝形式　　图 4-51　冲窝形式

表 4-11　铆钉直径与镦头窝直径的关系

铆孔直径 /mm	2.6	3.0	3.5	4.0	5.0	6.0	7.0	8.0
窝最小直径 /mm	3.65	4.2	4.95	5.6	7.0	8.2	9.5	10.8

工卡标题	铆钉窝的制作		工卡编号	4-2-3
工作区域			实训日期	
版本	R0		工时	30 min

任务描述	按照图示要求完成操作。 技术要求： （1）窝量规检查各铆钉窝凸出量不大于 0.3 mm； （2）铆钉窝垂直度单向间隙 ≤ 0.4 mm，不允许出现偏窝、漏窝； （3）窝的圆度为 ±0.5 mm； （4）铆钉窝表面应光滑、洁净，不允许有棱角和划伤
注意事项	1. 严格遵守操作规程； 2. 注意安全，严禁违规作业； 3. 保持环境卫生

类别	名称	规格型号	单位	数量	工作者	检查者
工具、量具	气钻		个	1		
	锪窝钻	$\phi 3.5$	个	1		
	定位销	$\phi 3.5$	个	4		
	刮边器		个	1		
	钢直尺		把	1		
	孔量规		个	1		
耗材	钻头	$\phi 3.6$	个	1		
	马克笔		支	1		
	LY12CZ-1.2		块	2		

工作步骤	工作者	检查者
1. 对照工具清单清点工具		
2. 回答问题：列出 3 条以上合格铆钉窝的要求		
3. 依据图样，在铝板布置铆钉孔位		
4. 用气钻在铝板上制孔并去除孔周边毛刺		
5. 用锪窝钻在铝板上锪窝，保证窝的深度		
6. 回答问题：锪窝时产生偏窝、窝孔不光洁的原因		
结束工作	工作者	检查者
清点、检查和维护工具，清扫和整理现场		

任务四　铆接施工

【学习任务】

本任务主要学习铆接的方法，包括正铆法与反铆法，同时对铆接质量进行检查，掌握常见铆接质量问题的排除方法。

【学习目标】

1. 知识目标

（1）知道铆接操作技术要求；

（2）熟知铆钉镦头的技术要求。

2. 能力目标

（1）使用铆枪进行正铆、反铆；

（2）排除铆接缺陷；

（3）掌握铆接的操作要领。

3. 素质目标

（1）养成严谨细致的工作作风、吃苦耐劳的工作态度；

（2）养成忠诚担当的责任意识；

（3）养成关注细节、精益求精的航空工匠精神。

【工作情景】

大部分飞机是由成千上万颗铆钉连接起来的，铆接质量对于飞机结构的安全稳定显得尤为重要。针对不同的部位、不同铆钉如何进行正确铆接？当铆接过程中出现问题时又该如何去改正呢？

【学习内容】

■ 一、铆接方法

普通铆接常用的铆接方法有手铆法、锤铆法和压铆法三种。

1. 手铆法

手铆法是用顶铁顶住铆钉头，冲头顶住铆钉杆尾部，借助手锤的敲击力而形成镦头。铆接时，手铆冲头应沿铆钉的轴线方向敲击。手铆的质量好、效率低。其操作方法如图 4-52 所示。

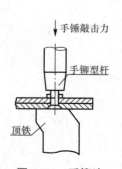

图 4-52　手铆法

| 冲击铆接 | 铆钉的分解与重铆 | 铆钉的选择与铆接操作训练 |

2．锤铆法

锤铆法是借助于铆枪的锤击力和顶铁的顶撞作用，使铆钉形成镦头的一种方法。

根据铆枪锤击铆钉的部位不同，锤铆法又分为直接铆接法和间接铆接法两种。

（1）直接铆接法：又名正铆法，它是铆枪通过型杆直接锤击铆钉尾部形成镦头的。其操作步骤如图 4-53 所示。

直接铆的优缺点：优点是铆接时构件不受力，故不易变形、表面质量好，能铆接较厚的构件；缺点是铆接时不能自动夹紧构件，需要夹紧构件的工序，所以铆接效率低；要求机体结构内有较大的空间，便于铆接。

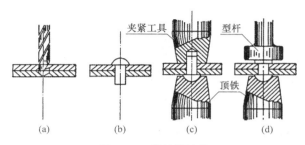

图 4-53　直接铆接法
（**a**）制作铆孔；（**b**）放入铆钉；（**c**）夹紧构件；（**d**）形成镦头

（2）间接铆接法：又名反铆法，它是用铆枪锤击铆钉头，通过构件的变形与振动，使铆钉杆尾部与顶铁撞击而形成镦头的。其操作步骤如图 4-54 所示。

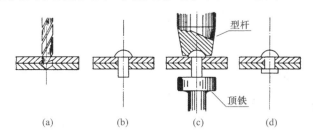

图 4-54　间接铆接法
（**a**）制作铆孔；（**b**）放入铆钉；（**c**）夹紧构件；（**d**）形成镦头

间接铆的优缺点：优点是能在内部空间较小的部位，只要顶铁能接近铆钉就可以进行铆接；铆接时，由于构件受力，能彼此靠紧，不需要压紧的步骤，工效较高。

缺点：第一，由于铆接时构件受锤击力的作用，容易在铆缝处产生变形，降低表面质量，如图 4-55 所示；第二，由于镦头的形成过程，是在锤击力的作用下，构件变形与振动使铆钉尾部与顶铁撞击而产生塑性变形的过程，因此，间接铆接法不能铆接厚度较大的构件。

185

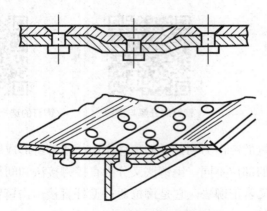

图 4-55 间接铆接时构件的变形

综上所述，由于直接铆接法的表面质量较好，因此，对高速飞机来说，为了保证表面质量，只要能进行直接铆接法的地方应该采用直接铆接法，只有在不方便进行直接铆接施工的条件下，才用间接铆接法。

3. 压铆法

压铆法是借助压铆机的压力，通过上、下压铆头挤压铆钉而形成镦头的一种铆接方法。

不同材料、不同直径的铆钉，所需的压铆力 P，可用下列公式估算：

$$P=k \cdot \sigma_b \cdot A$$

式中　k——由于材料冷作硬化，摩擦力作用而给定的修正系数，建议 $k=2.0 \sim 2.2$；

　　　σ_b——铆钉材料的强度极限；

　　　A——镦头的径向截面积，$A=\frac{\pi}{4} \cdot (1.6d)^2$；$d$ 为铆钉直径。

压铆法和锤铆法相比，铆钉杆受力时间较长，压力增加较平稳，铆钉杆的变形比较均匀，能缓慢膨胀填满铆钉孔，而且构件不受力，铆接质量比锤铆法好，并且没有噪声。但由于手提压铆机上、下压铆头同装在一弓形架上，它的弯臂很小，只能铆接机翼翼刀等边缘处的铆钉。

■ 二、铆接技术要求

铆接的技术要求很多，主要技术要求如下：

（1）铆接后，铆钉头部和镦头不允许有切痕、压坑、裂纹及其他机械损伤；

（2）翼面上，沉头铆钉相对蒙皮的凸出量不超过 0.15 mm，机身上不超过 0.2 mm；

（3）铆钉头在铆接后应紧贴零件表面，允许不贴合的单向间隙不大于 0.05 mm，这类铆钉不得超过铆钉排内总数的 10%；

（4）铆钉镦头的形状，除有特殊要求外，应是鼓形的，不允许成为"喇叭形""马蹄形"，如图 4-56 所示。镦头的直径 D、最小高度 h 应在规定范围内；

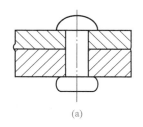 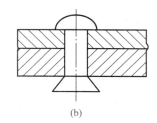 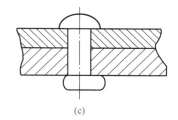

(a)　　　　　　　　　　(b)　　　　　　　　　　(c)

图 4-56　镦头的形状

（a）鼓形；（b）喇叭形；（c）马蹄形

（5）铆接后，铆钉处零件之间不允许有间隙，在两铆钉间允许零件间有局部间隙，其数值见表 4-12；

表 4-12　铆钉间隙　　　　　　　　　mm

蒙皮厚度	铆钉间距	允许间隙
≤ 1.5	> 40	≤ 0.5
≤ 1.5	≤ 40	≤ 0.3
1.6 ～ 2.0	10 ～ 40	≤ 0.3
> 2	20 ～ 40	≤ 0.2

（6）铆接件不允许有被工具打出凹坑、碰伤、划伤的痕迹。在难铆处允许有不大于 1/2 圆周，深度不大于 0.1 mm 的冲头痕迹；

（7）铆钉头周围的蒙皮允许下凹，其数值见表 4-13。

表 4-13　铆钉头周围的蒙皮允许下凹值

测量方法	部位	下凹数值 /mm	
以一个铆距为基准测量铆钉周围下凹	一般结构	小型飞机	≤ 0.1
		大型飞机	≤ 0.2
	进气道、内部结构	小型飞机	≤ 0.2
		大型飞机	≤ 0.4
	难铆处	小型飞机	≤ 0.4
		大型飞机	≤ 0.3
以两个铆钉间距为基准测量蒙皮下凹	一般结构	大型飞机	≤ 0.2
	多排小铆距曲率半径 300 mm 以下处	大型飞机	≤ 0.3

■ 三、铆接缺陷、产生原因及排除方法

普通铆接常出现的铆接缺陷、产生原因及排除方法见表4-14。

表4-14　铆接缺陷、产生原因及排除方法

序号	草图	缺陷	产生原因	排除方法
1		沉头铆钉头凹进零件表面	1.窝锪得太深 2.铆钉头高度太小	更换铆钉或加大铆钉
2		沉头铆钉头凸出零件表面过大	1.窝锪得太浅 2.铆钉头高度太大	更换铆钉重新锪窝
3		铆钉头与钉窝之间有间隙	1.钉头与窝的角度不一致 2.钉窝偏斜	重新锪窝用大一号铆钉铆接
4		钉杆在钉头下镦粗；铆钉头与零件有间隙	1.铆接时冲头压力不够 2.顶把压紧力过大	更换铆钉或补铆
5		铆钉镦头直径过小	1.铆钉长度不够 2.孔径过大 3.铆接力不够大	更换铆钉或补铆
6		铆钉镦头高度过小	1.铆钉长度不够 2.铆接力过大	更换铆钉
7		铆钉头或镦头被打伤、有切痕、有裂纹	1.顶把顶得不正确 2.铆钉材料塑性不够	更换铆钉
8		镦头呈喇叭形	1.铆枪功率过小 2.气压不够 3.顶把太轻	更换铆钉

序号	草图	缺陷	产生原因	排除方法
9		镦头偏移过大	1. 铆钉过长 2. 顶把顶得不正确 3. 钉孔偏斜	更换铆钉
10		镦头偏斜	1. 顶把面与零件不平行 2. 压铆模工作面歪斜	更换铆钉
11		钉杆在孔内弯曲	钉孔直径过大	用大一号铆钉铆接
12		钉杆在零件间被镦粗	1. 铆接时零件贴合不好 2. 零件未被夹紧	钻掉铆钉，排除夹层间隙后再铆
13		在铆钉头处零件被打伤	1. 冲头上的窝过深 2. 铆枪冲头安放不垂直	严重时要更换零件
14		铆钉头周围蒙皮下凹	1. 蒙皮与骨架之间有间隙 2. 操作者配合不协调 3. 顶把重量与铆枪功率不匹配	校正敲修
15		蒙皮沿铆缝局部下陷或整个下陷	1. 操作者配合不协调 2. 顶把重量与铆枪功率不匹配	轻则敲修，重则分解铆钉加垫排除

　　铆钉杆的变形不均匀，不仅使铆钉杆与铆孔之间的受力不均匀，降低结合强度；而且当镦头布置在构件的一面时，由于铆钉杆靠近镦头处膨胀多，靠近铆钉头处膨胀少，会使构件变形而翘曲（图 4-57）。

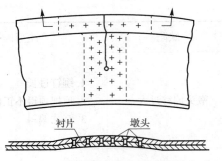

图 4-57 镦头布置不当引起的构件变形

1. 解决在锤击铆接中铆钉杆膨胀不均匀的方法

铆接时，锤击铆钉的力量越大，铆钉杆变形的速度越快，这种膨胀不均匀的程度也更加严重。因此，在锤击铆接中，锤击力不能过大，但也不能过小，过小会影响效率和质量，要根据铆钉杆的变形规律合理地控制锤击力。

2. 解决构件变形的方法

铆接工作中应合理地布置镦头以减少构件变形。合理布置镦头应注意以下几点：

（1）在铆接较薄的构件时，应将铆钉头和镦头交替布置在铆接构件的两面，以减少构件的变形。

（2）在铆接不同强度的材料时，镦头应布置在材料强度较大的一面。

（3）铆接同一材料而厚度不同的构件时，镦头应布置在材料较厚的一面。

（4）在铝构件上用钢铆钉或在防锈铝构件上用硬铝铆钉铆接时，通常应在镦头一边的铆钉杆上套上垫圈，防止铆钉杆过分变形不均匀。

■ 四、铆接质量检验

普通铆接的质量检验主要包括铆接前质量检验和铆接后质量检验。

1. 铆接前质量检验

下面先研究铆钉杆在铆接中的变形过程和常见的铆接缺陷，然后着重叙述铆接质量检验的内容、方法和使用工具等问题。

普通铆接质量检查

（1）检查铆钉的材料、规格是否合乎要求；用直尺（或卡尺）检查铆距、排距和边距是否符合规定。

（2）目视检查铆孔有无棱角、毛刺等现象，光洁度是否合乎要求；用极限量规检查铆孔直径［图 4-58（a）］；用锥形塞尺（或称椭圆度量规）检查铆孔的椭圆度，锥形塞尺形式如图 4-58（b）所示；在铆孔内放入铆钉，用千分垫检查铆孔的垂直度，如图 4-59所示。

（3）目视检查埋头窝有无偏斜、棱角、毛刺等现象；埋头窝的深度、角度、直径和窝的偏斜可用窝量规（图 4-60）检查。图 4-61 所示是用千分表检查埋头窝的情形。此法是将普通千分表装上检查窝的专用量头和夹具，通过窝规调整千分表刻度盘至零线，从千分表中就可以量得窝的深浅程度。

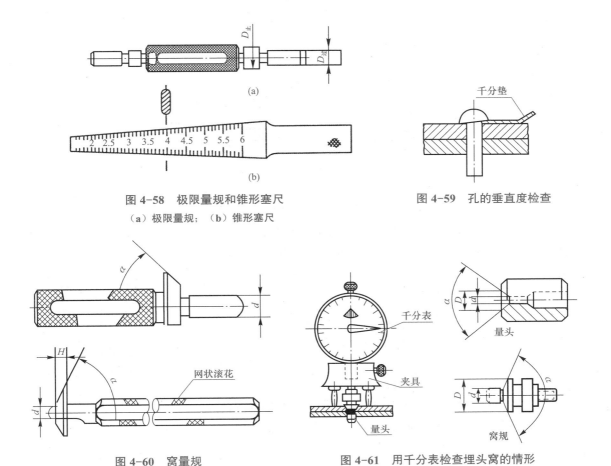

图 4-58　极限量规和锥形塞尺

（a）极限量规；（b）锥形塞尺

图 4-59　孔的垂直度检查

图 4-60　窝量规

图 4-61　用千分表检查埋头窝的情形

2．铆接后质量检验

铆接后质量检查包括以下内容：

（1）目视检查构件有无变形、划伤。检查镦头有无裂纹、偏斜。如果铆钉镦头位于结构内部不易观察，可用图 4-62 所示的反射镜进行检查。

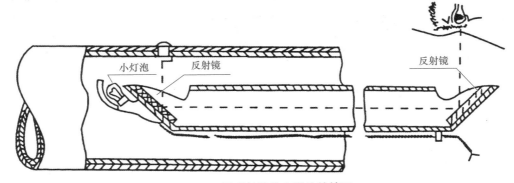

图 4-62　用反射镜检查镦头的情况

（2）用镦头极限样板检查铆钉镦头的直径和高度，检查情况如图 4-63 所示。

191

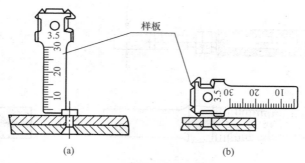

图 4-63　用样板检查镦头尺寸

（a）检查镦头高度；　（b）检查镦头直径

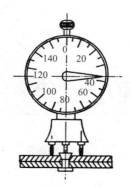

图 4-64　用千分表检查
埋头铆钉的凸出量

必要时用千分表检查（图4-64）。用千分表检查时，先将千分表放在构件的平面上，并转动度盘使指针指在零位，然后测量铆钉头的凸出量。

3．不合格铆钉的更换

在铆接质量检查中，当发现铆钉材料、规格不对，镦头形状、尺寸不合要求或者镦头上产生裂纹等缺陷，就需要更换这些不合格的铆钉。

更换方法：先用与铆钉直径相同的钻头，从铆钉头上钻孔，钻孔深度约等于铆头高度，如图4-65所示；用铆钉冲冲铆钉杆（图4-66），铆钉杆冲出时，应用顶铁顶住构件，防止构件变形；然后放入新铆钉，重新铆接。

图 4-65　铆钉拆除方法

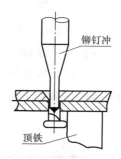

图 4-66　冲掉铆钉杆

【工作任务的实施】

工卡标题	铆接练习件		工卡编号	4-2-4
工作区域			实训日期	
版本	R0		工时	30 min

任务描述	依照图示要求完成制作。 **HB6231-3.5×8** **共4个** （图示：铆接练习件，尺寸 10、20、60、10、20、100，标注 HB6316-3.5×8 共10个） 技术要求： （1）沉头铆钉的钉头允许凸出量为 0.05～0.1 mm，不允许凹陷； （2）铆钉镦头呈鼓形； （3）铆钉钉头单向间隙 ≤ 0.5 mm； （4）钉头表面无机械损伤				
注意事项	1. 严格遵守操作规程； 2. 注意安全，严禁违规作业； 3. 保持环境卫生				

类别	名称	规格型号	单位	数量	工作者	检查者
工具、量具	气钻		把	1		
	铆枪		把	1		
	顶铁		个	1		
	定位销		个	4		
	铆卡		个	2		
	刮刀		把	1		
	铆钉冲		个	1		
	铁榔头		把	1		
	千分垫		件	1		
	游标卡尺		把	1		
	窝量规		件	1		
	样板尺		件	1		

类别	名称	规格型号	单位	数量	工作者	检查者
耗材	HB6316		个	按需		
	HB6231		个	按需		

工作步骤	工作者	检查者
1. 对照工具清单清点工具		
2. 回答问题：铆接质量检查方法		
3. 依照图样画线、去除余量、标记铆钉位置		
4. 夹紧板料钻制铆钉孔位、锪窝		
5. 检验铆钉孔、窝的质量		
6. 去除孔边毛刺、凸头钉用反铆、埋头钉用正铆，进行铆接		
7. 利用游标卡尺或样板尺检验镦头质量，对于不合格铆钉进行拆除重铆		
8. 回答问题：铆钉拆除的方法		

结束工作	工作者	检查者
清点、检查和维护工具，清扫和整理现场		

研 磨

【学习内容】

研磨是一种精密的机械加工工艺方法。在航空专业的制造、装配和维修工作中，研磨工艺已得到广泛应用。现代科学技术的发展，对航空器零部件加工精度的要求日益严格，而研磨加工是满足发展需要、获得高加工精度的最佳工艺方法之一。本模块主要介绍研磨的基本知识、平面类工件的研磨、圆柱类工件的研磨及特殊工件的研磨等内容。

【学习目标】

1. 知识目标

（1）了解平面研磨、内（外）圆柱面研磨、特殊工件研磨的基本方法；

（2）了解研磨介质选配、研具选用、质量检验等方法；

（3）熟悉研磨的技术规范及要求；

（4）熟悉研磨设备的分类与认识；

（5）熟悉研磨设备的功能及基本构造；

（6）熟悉研磨设备的维护和保管方法。

2. 能力目标

（1）具有平面和圆柱面等不同研磨方法的修理能力；

（2）具有航空器零部件故障检验和修理的能力；

（3）能够正确选用研磨工具、研磨液或研磨膏；

（4）掌握研磨设备的使用方法、注意事项及适用范围。

3. 素质目标

（1）具有爱岗敬业、诚实守信、遵章守纪的良好职业道德；

（2）具备严谨规范、精益求精、吃苦耐劳的优良品质；

（3）具备团队协作、人际沟通的社会交往能力；

（4）具备从事本专业工作的安全防护、安全文明生产和环境保护等意识；

（5）具备"敬仰航空、敬重装备、敬畏生命"的职业素养。

项目一　研磨的基本知识

【学习任务】

　　本项目通过学习研磨的定义及作用、研磨的基本原理、材料的可加工性与研磨余量、研磨工具、磨料和研磨剂及影响研磨效率的因素等基础知识。完成研磨介质选配、研具选用等实训任务。让学员能够正确区分、识别研磨工具和研磨剂，能够正确选用研磨工具和研磨剂进行相关研磨修理工作。

【学习目标】

1. 知识目标

　　（1）熟悉研磨的定义及作用；
　　（2）熟悉研磨的基本原理；
　　（3）熟悉材料的可加工性与研磨余量；
　　（4）熟悉研磨的研磨工具和研磨剂。

2. 能力目标

　　（1）掌握不同型号的研磨工具和研磨剂的规格；
　　（2）掌握影响研磨效率的因素；
　　（3）正确选用研磨工具、研磨液或研磨膏。

3. 素质目标

　　（1）养成严谨的航空维修工作作风、吃苦耐劳的工作态度；
　　（2）具有良好的心理素质，树立航空产品质量第一的意识；
　　（3）养成良好的工作习惯，具有良好的职业素养；
　　（4）养成爱护卫生、保护环境的责任意识。

【典型工作任务】

　　对航空零件进行研磨修理时，工作者该如何正确地选用工具来高效地完成这些工作呢？在工作的过程中，工作者应如何检查、使用和维护这些工具呢？

任务一　研磨的认知

▤ 【学习任务】

本任务主要学习研磨的定义及作用、研磨的基本原理、材料的可加工性与研磨余量等基本知识，让学员能够理解研磨修理的基本作用和原理，能够正确选用修理方法进行相关研磨修理。

◎ 【学习目标】

1. 知识目标

（1）熟悉研磨的定义、基本作用；

（2）熟悉研磨的基本原理。

2. 能力目标

（1）掌握研磨对工件预加工的要求；

（2）掌握研磨对工件研磨余量的要求。

3. 素质目标

（1）养成严谨的航空维修工作作风、吃苦耐劳的工作态度；

（2）具有良好的心理素质，树立航空产品质量第一的意识；

（3）养成良好的工作习惯，具有良好的职业素养；

（4）养成爱护卫生、保护环境的责任意识。

▤ 【学习内容】

■ 一、研磨的定义

研磨是将研具表面嵌入磨料或敷涂磨料并添加润滑剂，在一定的压力作用下，使工件与研具接触并做相对运动，通过磨料作用，从工件表面切去一层极薄的切屑，使工件具有精确的尺寸、准确的几何形状和很高的表面粗糙度，这种对工件表面进行最终精密加工的工艺方法，叫作研磨。

研磨是一种重要的精密机械光整加工工艺方法。一般来说，研磨同其他机械加工方法（如车、钳、铣、刨、磨等）比较，具有加工余量小、精度高、研磨运动速度慢和研磨工具材质比工件材质稍软等特点。

■ 二、研磨的作用

（1）提高零件的表面粗糙度等级。经过研磨加工后零件的表面粗糙度一般可达

$Ra1.6 \sim Ra0.1$，最小可达 $Ra0.012$。

（2）能达到精确的尺寸。研磨可以获得其他加工方法难以达到的尺寸精度和形状精度。通过研磨后的尺寸精度可达到 $0.005 \sim 0.001$ mm。

（3）能改进工件的几何形状，使工件得到准确的形状。用一般机械加工方法产生的形状误差都可以通过研磨的加工方法得到校正。

由于经过研磨后的零件能提高研磨表面粗糙度等级，改善零件的几何形状，因此零件的耐磨性、抗腐蚀能力及疲劳强度也相应地提高，从而延长了零件的使用寿命。

■ 三、研磨的基本原理

研磨的原理包含物理和化学的综合作用。

1．物理原理

研磨时要求研具材料比被研磨的工件硬度低，这样受到一定压力后，研磨剂中的微小颗粒（磨料）被压嵌在研具表面上（图 5-1）。这些细微的磨料具有较高的硬度，像无数刀刃。由于研具和工件的相对运动，半固定或浮动的磨粒则在工件和研具之间做运动轨迹很少重复的滑动和滚动。因而，对工件产生微量的切削作用，均匀地从工件表面切去一层极薄的金属。借助于研具的精确型面，工件逐渐得到准确的尺寸及较高的表面粗糙度等级。

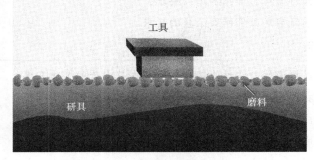

图 5-1　研磨的物理原理

2．化学原理

有的研磨剂还起化学作用，例如，采用氧化铬、硬脂酸等化学研磨剂进行研磨时，与空气接触的工件表面，很快就形成一层极薄的氧化膜，而且氧化膜又容易被研磨掉，这就是研磨的化学作用。

在研磨过程中，氧化膜迅速形成（化学作用），又不断地被磨掉（物理作用）。经过这样的多次反复，工件表面就能很快地达到预定要求。由此可见，研磨加工实际体现了物理和化学的综合作用。

■ 四、材料的可加工性与研磨余量

1．研磨性与工件材料的关系

影响工件材料加工性（研磨性）的因素很多。工件材料较硬时，具有良好的抛光性，但切削性能较差，研磨效率较低，研磨时一般选用较硬的铸铁研具和相应的磨料。工件材料较软时，切削性能较好，有较高的研磨效率，研磨时为避免磨粒嵌入工件表面，一般选用比工件硬度低的材料制作研具，或采用嵌砂研磨。

所有碳素工具钢及中低碳合金钢，淬硬以后都宜于研磨，低碳钢表面经渗碳淬硬后也易于研磨；油淬的合金工具钢韧性好，研磨阻力大；氮化钢研磨效率低，但可获得较好的表面粗糙度；硬质合金通常不能采用一般的研磨剂，常用碳化硼做粗研磨剂，用金刚石粉研磨膏精研磨，故研磨效率较低。

2．研磨对预加工的要求

为了提高研磨效果，零件在研磨前需要进行预加工。实践表明，预加工精度直接影响研磨加工精度。故零件在预加工中必须达到较好的尺寸精度、几何形状精度和表面粗糙度。研磨前预加工应满足下列要求：

（1）使研磨余量尽可能小；

（2）几何形状精度要基本符合零件最终精度要求；

（3）表面粗糙度不高于 $Ra1.6$，无明显的走刀痕迹、烧伤、龟裂等缺陷。

一般淬硬钢及渗碳钢零件的研前预加工多采用精磨工序，以获得较好的尺寸精度和形状精度，使研磨余量减小。软金属件和不宜磨削的工件在研磨前预加工可采用精车、精铣等工序。

3．研磨余量

确定零件的研磨余量时，除考虑预加工所达到的精度外，还要结合零件的材质、尺寸、研磨方法和最终精度要求等因素。

由于研磨是微量切削，每研磨一遍所能磨去的金属层不超过 0.002 mm，因此研磨余量不能太大，一般研磨余量为 0.005 ～ 0.030 mm 比较适宜。有时，研磨余量就留在工件的公差以内。

零件在研磨前，表面粗糙度应在 $Ra0.8$ 以下，其同轴度、圆度应符合图纸要求。在此前提下，研磨余量要尽可能小。

一般零件的研磨余量可参照表 5-1～表 5-4 执行，但采用时要考虑到形状不同而产生的误差及温度引起的度量误差的影响。直径小的或短的零件、表面粗糙度要求较低的零件采用表中较大的数值，直径大的或长的零件，采用表中较小的数值，不淬硬的零件可以将表中数值增加约 1/3。

表 5-1　精磨零件的研磨余量　　　　　　　　　　　　mm

研磨种类	研磨平面		研磨外圆	研磨内孔
	按每面	按厚度	按直径	按直径
手工研磨	0.003 ～ 0.005	0.006 ～ 0.010	0.003 ～ 0.008	0.005 ～ 0.010
机械研磨	0.005 ～ 0.010	0.010 ～ 0.020	0.008 ～ 0.015	

表 5-2　外圆的研磨余量　　　　　　　　　　mm

直径	余量	直径	余量
≤ φ10	0.005 ～ 0.008	φ51 ～ φ80	0.008 ～ 0.012
φ11 ～ φ13	0.006 ～ 0.008	φ81 ～ φ120	0.010 ～ 0.014
φ19 ～ φ30	0.007 ～ 0.010	φ121 ～ φ180	0.012 ～ 0.016
φ31 ～ φ50	0.008 ～ 0.010	φ181 ～ φ260	0.015 ～ 0.020

表 5-3　内孔的研磨余量　　　　　　　　　　mm

孔径	铸铁	钢
≤ φ10		0.005 ～ 0.008
φ11 ～ φ20		0.006 ～ 0.010
φ21 ～ φ24		0.008 ～ 0.012
φ25 ～ φ125	0.020 ～ 0.100	0.010 ～ 0.040
φ150 ～ φ275	0.080 ～ 0.160	0.020 ～ 0.050
φ300 ～ φ500	0.120 ～ 0.200	0.040 ～ 0.060

表 5-4　平面的研磨余量　　　　　　　　　　mm

平面（按外圆留）	
≤ φ25	0.005 ～ 0.008
φ26 ～ φ75	0.007 ～ 0.010
φ76 ～ φ150	0.010 ～ 0.014

工卡标题	研磨工具的选用、检查与维护		工卡编号		5-1-1
工作区域			实训日期		
版本	R0		工时		30 min
任务描述	根据零件的研磨类型，按要求检查工具的型号规格是否符合要求，检查工具是否能正常使用，对工具进行日常的维护和保养工作。考核结束时，需提交工卡				
注意事项	1. 严格遵守操作规程； 2. 注意安全，严禁违规作业				
类别	名称	规格型号	单位	数量	工作者	检查者
---	---	---	---	---	---	---
工具、量具	研磨平台		个	1		
	研磨杆		个	1		
	研磨套		个	1		
	杠杆千分尺	6～10 mm	把	1		
	千分尺	0～10 mm	把	1		
	刀角尺		把	1		
耗材						

工作步骤	工作者	检查者
1. 对照工具清单清点出所有工具		
2. 根据零件的研磨类型，选择合适的工具（列出不符合的工具）		
3. 检查工具存在的问题（列出有问题的工具）		
4. 回答问题：工具的日常维护、保养和使用注意事项（写出 5 条以上）		
5. 回答问题：工具的三清点		

结束工作	工作者	检查者
清点、检查和维护工具，清扫和整理现场		

任务二　研磨工具的认知与选用

【学习任务】

本任务主要学习研磨的工具的材料与种类等基本知识，让学员能够区分和认知不同材料、不同种类的研磨工具，能够正确选用研磨工具进行相关研磨修理。

【学习目标】

1. 知识目标

（1）熟悉平面研磨工具的分类与认知；
（2）熟悉圆柱面研磨设备的分类与认知。

2. 能力目标

（1）掌握研磨平台的种类与适用范围；
（2）掌握圆柱研磨工具的组成与适用范围。

3. 素质目标

（1）养成严谨的航空维修工作作风、吃苦耐劳的工作态度；
（2）具有良好的心理素质，树立航空产品质量第一的意识；
（3）养成良好的工作习惯，具有良好的职业素养；
（4）养成爱护卫生、保护环境的责任意识。

【工作情景】

对不同形状的航空零件进行研磨修理时，工作者该如何正确地选用工具来高效地完成这些工作呢？在工作的过程中，工作者应如何检查、使用和维护这些工具呢？

【学习内容】

研具是研磨的重要因素之一。由于在研磨过程中，工件与研具表面接触并相对滑动，研具本身的几何形状精度将传递给工件，所以，研具的制造精度要符合被研磨工件的质量要求。除此之外，研具还需具备良好的耐磨性、合理的形体结构和足够的刚度，以保证研磨质量和效率。

研具可分为手工研磨工具和机械研磨工具两类；按其形状可分为研磨平板、研磨尺、研磨盘、研磨棒、研磨套、研磨环等；按其用途又可分为平面研磨工具，内、外圆表面研磨工具，锥体研磨工具，球面研磨工具，螺纹研磨工具等。

一、平面研磨工具

平面研磨工具有研磨平板、研磨平尺和旋转研磨盘三种，都用铸铁制成。

研磨平板如图 5-2 所示。在工作面上可以开一些纵向和横向的沟槽，以便把多余的研磨剂刮去，使平板与工件接触均匀，提高工件的平面度，使研磨时发生的热量从沟槽中散去。当工件长度在 150 mm 以下时，研磨平板上可以铣成 60° 的 V 形槽，如图 5-2（a）所示，研磨板的小方格面积约为 20 cm²。工件长度大于 150 mm 时，研磨板要铣成 60 cm² 的大方块，在大方块中再铣成 15 cm² 的小方格，如图 5-2（b）所示。但对于极精细的研磨，由于要获得很好的表面粗糙度，这时平板不能开槽。

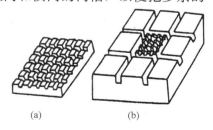

图 5-2　研磨平面的研磨板
（a）V 形槽；（b）大方块和小方格

研磨平尺是扁平的矩形铸铁块，其规格：长 200 ～ 300 mm，宽 100 ～ 150 mm，厚 10 ～ 20 mm。在工作面上同样可以开些小沟槽。上、下工作面须经过很细致的研磨，以保证平直。

图 5-3 所示为研磨平面的光学单盘研磨机。研磨盘 1 由转轴 5 带动旋转，压力盘 4 由曲柄连杆机构 10 驱动，连杆 8、9 以 O 点为旋转中心产生滑动，从而获得必要的研磨速度。研磨盘和曲柄的转速及曲柄的冲程都可以做无级调节。由于杆 8 可以绕杆 9 摆动，同时压力盘是球面支承，可使工件和工具互相自由滑动。压力盘的压力通过增减重锤 7 的质量来调节。

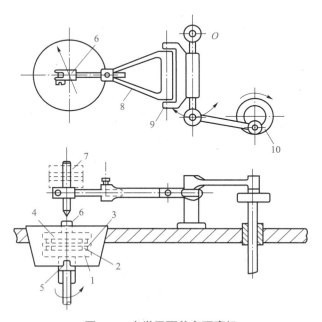

图 5-3　光学平面单盘研磨机
1—研磨盘；2—工件；3—隔板；4—压力盘；5—转轴
6—钢球（摆动装置）；7—重锤；8、9—连杆；10—曲柄连杆机构

203

■ 二、圆柱研磨工具

外圆研磨工具如图 5-4 所示。外圆研磨工具常用的是研磨套，一般做成可调节的，用锥度来补偿磨损，如图 5-4（a）所示。常用的锥度为 1：10、1：25 和 1：30 等几种。另外，还有锯开式的研磨套，利用研磨套本身的弹性来实现调节，如图 5-4（b）所示。一般研磨套的长度与孔的比值为 1～2.5。

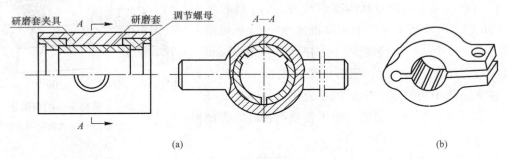

(a)   (b)

图 5-4　外圆研磨工具

（a）锥度调节外圆研磨套；（b）弹性调节外圆研磨套

内圆研磨工具为研磨棒（图 5-5），其结构有整体式和可调式两种。前者适用大孔径；后者适用小孔径。整体式研磨棒如图 5-5（a）、图 5-5（b）所示。整体式研磨棒制造简单、精度高，适用精密孔和小直径孔的研磨。为使磨料和研磨液导入和均匀分布，研磨棒工作部分通常车有左、右两条油沟，其导程为直径的 1/3～1/2。为保证被研磨孔的圆柱度要求，研磨棒工作部分长度可取孔深的 1～1.5 倍。

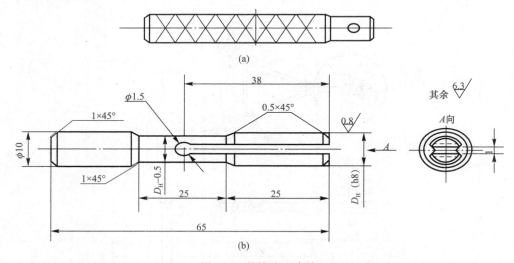

(b)

图 5-5　整体式研磨棒

（a）外形；（b）尺寸

整体式研磨棒磨损后尺寸无法补偿。图 5-6 和图 5-7 所示为可调式研磨棒，利用锥度使研磨环胀大来补偿磨损量。常用的锥度为 1：50 和 1：20。

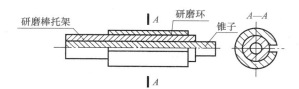

图 5-6　小孔径用可调研磨棒

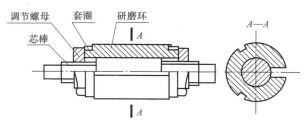

图 5-7　大孔径用可调研磨棒

■ 三、研磨工具的材料

确定研磨工具的材质时应遵循下列原则：

（1）研具材料应比被研工件材料软，组织均匀，具有一定弹性。

（2）耐磨性高，易于加工，寿命长，变形小。

（3）表面光滑，无裂纹和斑点等缺陷。

研具材料较工件硬度低，可避免在研磨过程中磨粒被嵌入工件表面而影响使用。但研具材质太软，磨粒将大量嵌入研具表层，使磨料失去切削作用，且研具容易丧失精度，影响工件的加工精度。反之，研具太硬会加快磨粒的粉碎及细化，也会降低切削性能及磨料的使用寿命。

粗研磨应选用质地较软、结晶较粗的材料，以便嵌入较粗的磨粒，可提高研磨效率；精研磨则应选用质地较硬、结晶细密的材料。有资料推荐，嵌砂研磨量具用的铸铁研具，在粗研时，嵌入白刚玉研磨粉的粒度为 W2.5，选用硬度以 110 ～ 140 HBS 为佳；在精研时，嵌入 W1 ～ W1.5 白刚玉研磨粉，选用硬度以 130 ～ 180 HBS 为佳。

用白刚玉和碳化硼研磨常选用铸铁、软钢及铜制造的研具；用氧化铬研磨则常选用玻璃、沥青、铸铁、牛皮及毛毡制造的研具；用金刚石磨料研磨时多用玻璃及铸铁研具。

研具材料有灰铸铁、软钢、铜、铝、铅、木材、皮革、沥青、玻璃、棉布、丝绸、毛毡等。

常用的研具材料是灰铸铁。由于它含有片状石墨，有较好的嵌砂性能，且具有良好的耐磨性、润滑性。铸铁研具制造费用低，精度保持性好；控制其成分，可获得多种性能及结晶的铸铁，能满足多种材质工件对研具的要求。

灰铸铁研具适用粗、精研磨，常用的硬度范围为 140 ～ 200 HBS，以细颗粒珠光体铸铁效果较好。在精密研磨中，选用高磷铸铁制造研具，可获得很低的加工表面粗糙度，其硬度范围为 130 ～ 180 HBS，表面硬度差小于 5 HBS。

工卡标题	研磨工具的认知与使用			工卡编号		5-1-2
工作区域				实训日期		
版本	R0			工时		30 min
任务描述	根据零件的研磨类型，按要求检查工具的型号规格是否符合要求，检查工具是否能正常使用，对工具进行日常的维护和保养工作。考核结束时，需提交工卡					
注意事项	1. 严格遵守操作规程； 2. 注意安全，严禁违规作业； 3. 保持环境卫生					

类别	名称	规格型号	单位	数量	工作者	检查者
工具、量具	研磨平台		个	1		
	研磨杆		个	1		
	研磨套		个	1		
耗材						

工作步骤	工作者	检查者
1. 对照工具清单清点出所有工具		
2. 回答问题：各类研磨工具的使用范围		
3. 回答问题：各类研磨工具使用时的注意事项（5 条以上）		

结束工作	工作者	检查者
清点、检查和维护工具，清扫和整理现场		

任务三　磨料剂的认知与选用

【学习任务】

本任务主要学习研磨的磨料和研磨剂等基本知识，让学员能够区分和认知不同成分的磨料和研磨剂、正确的配制研磨剂，能够正确选用磨料和研磨剂进行相关研磨修理。

【学习目标】

1. 知识目标

（1）熟悉磨料的种类、特性及用途；

（2）熟悉磨料的粒度及选择。

2. 能力目标

（1）正确选用磨料和研磨剂；

（2）掌握磨料的研磨性能。

3. 素质目标

（1）养成严谨的航空维修工作作风、吃苦耐劳的工作态度；

（2）具有良好的心理素质，树立航空产品质量第一的意识；

（3）养成良好的工作习惯，具有良好的职业素养；

（4）养成爱护卫生、保护环境的责任意识。

【工作情景】

根据要求对不同精度的航空零件进行研磨修理时，工作者该如何正确地选用磨料来高效地完成这些工作呢？

【学习内容】

在研磨过程中，磨料对零件起切削作用，同时它本身也会逐渐被磨钝。为了保持磨料具有较高的切削能力，并延长其使用寿命，必须正确地选用磨料，掌握其性能及用途。

■ 一、磨料的种类、特性及用途

常用磨料简述如下：

（1）棕刚玉（A）：以铝矾土和无烟煤为主要原料，在电弧炉内经高温冶炼而成，

主要成分为 Al_2O_3，韧性高、价格低，可用于加工普通钢、合金钢、可锻铸铁、硬青铜等材料。

（2）白刚玉（WA）：以铝粉为原料，在电弧炉内炼成，Al_2O_3 的含量一般高于 98%，与棕刚玉相比韧性稍低，有较好的切削性能，适用合金钢、淬火钢零件和刀具的精加工。

（3）黑色碳化硅（C）：以硅砂和石油焦炭为原料，在电阻炉内经高温冶炼而成，呈黑色结晶，显微硬度较高，性脆而锋利，并具有一定的导电性和导热性，适用铸铁、铜、大理石、花岗岩、玻璃的加工。

（4）绿色碳化硅（GC）：制法与黑色碳化硅相同，但所用材料较纯，结晶呈鲜绿色，性硬脆而锋利，适用硬质合金和各种高硬度材料的加工。

（5）铬刚玉（PA）：是白刚玉的派生品种之一，呈玫瑰红色，由于结晶中含有少量 Cr_2O_3，比白刚玉有较好的韧性，适用加工韧性大的材料。

（6）立方碳化硅（SC）：结晶呈黄绿色，强度大，棱角锋利，多用于高硬度精密零件的加工。

（7）碳化硼（B_4C）：是一种从工业硼酸（B_2O_3）和低灰分碳素原料（石油焦炭）的混合物中熔炼得到的，硬度仅次于金刚石，粉碎后的磨料多带有锋利的刃尖，切削能力与金刚石相近，常作为天然金刚石的代用磨料，主要用来加工硬质合金、淬硬钢、光学玻璃及宝石等。

（8）人造金刚石（JR）：以石墨为原料，在触媒的作用下，于高温高压下转化而成的一种高硬度材料，相对密度为 3.3～3.5，莫氏硬度为 10，显微硬度为 $1.06×10^5$～$1.1×10^5 N/mm^2$。它的硬度与天然金刚石基本接近，但比天然金刚石略脆，强度稍低，颗粒表面粗糙，棱角锋利，但自锐性较天然金刚石佳。人造金刚石是至今人造磨粒中最硬的一种。其广泛用来代替天然金刚石研磨硬质合金、光学玻璃等高硬度工件。

（9）单晶刚玉（SA）：单晶刚玉的颜色因含杂质不同而有差异，一般呈浅黄色或白色。它与棕刚玉和白刚玉相比，有较高的强度和韧性以及抗破碎性，宜用来加工韧性较大、硬度较高的钢材。

（10）微晶刚玉（MA）：颜色和化学成分与棕刚玉相似，但它的磨粒是由许多微小尺寸的晶体组成，具有强度高、韧性和自锐性良好的特点，适用加工不锈钢、碳素钢、轴承钢和特种球墨铸铁等。

常用磨料的种类及用途见表 5-5。

表 5-5　常用磨料的种类及用途

名称	代号	主要化学成分	颜色	硬度和强度	用途	
					加工方法	工作材料
棕刚玉	A	92.5%～97% Al_2O_3	棕褐、灰褐、暗红	具有较高的硬度，韧性高，承受力大，锋利	粗研磨	各种碳钢、合金钢、铸铁、硬青铜

名称	代号	主要化学成分	颜色	硬度和强度	用途	
					加工方法	工作材料
白刚玉	WA	97%～98.5% Al_2O_3	白色	比棕刚玉硬，但韧性较低，锋刻，切削性好	粗研和精研	淬硬钢、高速钢、铸铁
黑色碳化硅	C	97%～98.5% SiC	黑色（半透明）、深蓝	比白刚玉硬、性脆、锋利	粗研磨	青铜、黄铜、铸铁、大理石、玻璃等
绿色碳化硅	GC	94%～99% SiC	绿色（半透明）	比黑色碳化硅硬，但次于人造金刚石和碳化硼，锋利、性脆	粗研和精研	淬硬钢、硬质合金、硬铬、金刚石、硬度高的非金属等
铬刚玉	PA	97.5%～98% Al_2O_3	玫瑰红色	比白刚玉韧性好	粗研和精研	淬硬钢、工具钢、合金钢等韧性大的材料
立方碳化硅	SC	87%～92% SiC	黄绿色	强度大，棱角锋利	精研	轴承钢、淬硬钢
碳化硼	BC	85%～95% B_4C	灰色至黑色	比绿色碳化硅硬而脆，但次于人造金刚石，颗粒能自行修磨保持锋利，高温易氧化	粗研和精研	硬质合金、硬铬、宝石、淬硬钢
人造金刚石	JR	—	灰色至黄白色	硬度仅次于天然金刚石，强度也稍低，自锐性较好	粗研和精研	硬质合金、光学玻璃
氧化铬	—	Cr_2O_3	深绿色	质软，是极细抛光剂	精研磨及抛光	铜、青铜、淬硬钢及铸铁
氧化铁	—	Fe_2O_2（或 FeO、Fe_2O_3）	红色、暗色	比氧化铬软，是极细抛光剂	抛光	淬硬钢、玻璃、水晶、铜
氧化镁	—	—	白色	质软	抛光	淬硬钢、玻璃、水晶、铜
氧化铈	—	—	土黄色	质软	抛光	淬硬钢、玻璃、水晶、铜

■ 二、磨料的粒度及选择

磨料的粒度是指磨粒颗粒尺寸大小。按磨粒颗粒尺寸范围，磨料可分为磨粒、磨粉、散粉和精微粉四组，见表5-6。

表 5-6　磨料粒度号及对应的磨粒工程尺度

组别	粒度号	基本颗粒范围 /μm	组别	粒度号	基本颗粒范围 /μm
磨粒	12	2 000 ～ 1 600	微粉	W63	63 ～ 50
	14	1 600 ～ 1 250		W50	50 ～ 40
	16	1 250 ～ 1 000		W40	40 ～ 28
	20	1 000 ～ 800		W28	28 ～ 20
	24	800 ～ 630			
	30	630 ～ 500		W20	20 ～ 14
	36	500 ～ 400		W14	14 ～ 10
	46	400 ～ 315		W10	10 ～ 7
	60	315 ～ 250		W7	7 ～ 5
	70	250 ～ 200			
	80	200 ～ 60		W5	5 ～ 3.5
磨粉	100	160 ～ 125	精微粉	W2.5	3.5 ～ 2.5
	120	125 ～ 100			
	150	100 ～ 80		W2.5	2.5 ～ 1.5
	180	80 ～ 63		W1.5	1.5 ～ 1.0
	240	63 ～ 50		W1.0	1.0 ～ 0.5
	280	50 ～ 40		W0.5	0.5 及更细

对于用筛分法获得的磨粒来说，粒度号是根据 1 英寸长度上有多少个孔的筛网来命名的。例如，粒度 120 号是指 1 英寸长度上有 120 个网孔，而以 W×× 表示的微粉和精微粉，其数字则表示磨粒的平均实际尺寸。如 W20 是表示磨料颗粒尺寸为 20 ～ 14 μm。

颗粒尺寸较大的磨粒不适宜研磨加工。研磨仅使用粒度号为 100 以上的磨料，通常将用于研磨的磨料称作研磨粉。

研磨时磨料粒度的选择，一般视研磨的生产率、工件材料性质、研磨方式和种类、粗糙度要求及研磨余量的大小来决定。

■ 三、磨料的研磨性能

磨料的研磨性能除与粒度有关外，还与其硬度、强度有关。

磨料的硬度是指磨料表面抵抗局部外力的能力。所以，磨料的硬度越高，它的切削能力越强，研磨性能越好。

磨料颗粒承受外加压力而不被压碎的能力称为强度。强度差的磨料颗粒在研磨中易碎，切削能力会下降，使用寿命较短。

若以金刚石的研磨能力为 1，则其他磨料的研磨能力如下：

碳化硼	0.5
绿色碳化硅	0.28
黑色碳化硅	0.25
白刚玉	0.12
棕刚玉	0.10

研磨效率与磨料的粒度、强度、硬度的关系，可以通过下列研磨实验得到。图 5-8 所示是根据钢制工件在圆盘研磨机上进行平面研磨试验所得数据绘制的。从图 5-8 中曲线可以看出，研磨刚开始的一段时间内，各种磨料在单位时间内的研削量大致相等，但经较长的时间使用，由于磨料颗粒细化，单位时间内的研削量便降低。同时也可以看出，不同硬度的磨料在相同的时间内研削量不等。硬度高的磨料有较高的效率。

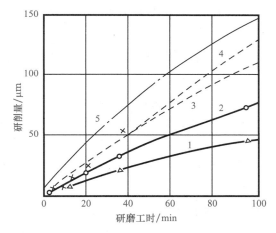

图 5-8　各种研磨剂的研磨效率
1—棕刚玉；2—白刚玉；3—碳化硅；4—碳化硼；5—碳化硅（粗粒度）

■ 四、研磨膏

研磨膏是在研磨粉中加入辅助材料而制成的一种混合剂。其中分散剂的作用是湿润磨料表面，使其均匀分布在膏体内。载体的作用是当它溶于分散剂中时，能增加分散剂的黏度，降低磨料的沉淀，同时起冷却、润滑和促进氧化的作用。

研磨膏有油溶性和水溶性两大类。油溶性研磨膏是由磨粉和油溶性材料配制而成的。使用时需用煤油或其他油类稀释。用这类研磨膏研磨可获得极好的加工表面粗糙度和精确的尺寸。水溶性研磨膏是以磨粉和水溶性材料配制而成的，使用时用水、甘油等稀释，研磨后工件能用水、酒精等洗涤干净。该类研磨膏使用安全、储存方便，一般无刺激性。

研磨膏是一种重要的表面光整加工材料，广泛应用于仪器、仪表、光学玻璃镜头、量具和精密机械零件的精密研磨与抛光。为满足各种不同材质工件的加工特点，一些专业生产厂家制造了多种研磨膏，如金刚石、氧化铬、氧化铝、碳化硼、碳化硅、氧化铁等研磨膏，以及各种抛光膏，可根据产品说明书选用。

随着硬质合金等高硬度脆性材料的普遍采用，生产中越来越广泛选用人造金刚石研磨膏来精研磨。

■ 五、研磨液

研磨粉或研磨膏需用研磨液稀释后才能用于研磨。研磨液需具有一定黏度和稀释能力才能黏吸磨料并使磨料均匀；研磨液需具有较好的润滑和冷却能力，以防止磨料过早失效，减少工件和研具的发热变形。另外，为加速研磨的化学作用，研磨液还需要化学活性和无腐蚀性，便于清除和清洗。

研磨液的表面张力及黏度大时，在工件和研具间会形成油膜，磨料压入较浅，切削作用减小，研磨效率下降，但加工表面粗糙度值较低；表面张力及黏度小时，磨料易压碎，同样保证不了较高的研磨效率。因而，需针对具体的研磨工艺，选取适中的研磨液。

稀释研磨膏时，还需按照研磨膏的类型选用相应的油溶性或水溶性研磨液。

常用的研磨液有下列几种：

（1）航空汽油：与研磨膏混合后，涂于铸铁或玻璃研具上，用于研磨高精度的圆柱或平面。

（2）煤油：多用于粗研磨，要求研磨速度较快，工件表面粗糙度要求不高的情况。

（3）机械油：应用较普遍，一般研磨使用 10 号机油或 1：3 的机油与煤油混合使用。

（4）含硬脂煤油：用于研磨硬质合金。

（5）含蜡煤油：用于研磨硬质合金。

（6）油脂：用于研磨螺纹。

（7）猪油：因含有油酸，有助于研磨作用，降低表面粗糙度效果好，应用于极精密的研磨。

在研磨液中加入少量的石蜡、蜂蜡等塑料和化学活性较强的油酸（$C_{17}H_{33}COOH$）、脂肪酸（$C_{17}H_{31}COOH$）、硬脂酸（$C_{17}H_{35}COOH$）、工业用甘油等，在特种工件的研磨中能获得更佳的效果。

◫◇ 【工作任务的实施】

工卡标题	磨料的认知与使用		工卡编号	5-1-3
工作区域			实训日期	
版本	R0		工时	30 min
任务描述	根据零件的研磨精度要求，按要求选用合适的磨料和研磨剂。考核结束时，需提交工卡			
注意事项	1. 严格遵守操作规程； 2. 注意安全，严禁违规作业			

类别	名称	规格型号	单位	数量	工作者	检查者
工具、量具	研磨平台		个	1		
	研磨杆		个	1		
	研磨套		个	1		
耗材	W7		盒	1		
	W15		盒	1		

工作步骤	工作者	检查者
1. 对照工具清单清点出所有工具		
2. 回答问题：各类研磨磨料的使用范围		
3. 回答问题：各类研磨磨料的材质、分类及用途（5条以上）		

结束工作	工作者	检查者
清点、检查和维护工具，清扫和整理现场		

项目二　平面类工件的研磨

【学习任务】

　　本项目通过学习研磨修理中的平面类工件的研磨，学员学习平面研磨和研磨平台与标准平台的修整等基本知识，完成平面研磨施工、研磨平台修整和研磨平面的平面度检查等实训任务，让学员能正确使用研磨方法（轨迹），掌握平面研磨的注意事项和研磨平台的修整等相关研磨项目。

【学习目标】

1. 知识目标

（1）熟悉平面研磨施工的注意事项；

（2）熟悉典型的平面研磨修理方法；

（3）熟悉研磨平面平面度的检查。

2. 能力目标

（1）掌握平面研磨的研磨方法（轨迹）；

（2）按技术要求进行研磨平台的修理。

3. 素质目标

（1）养成严谨的航空维修工作作风，吃苦耐劳的工作态度；

（2）具有良好的心理素质，树立航空产品质量第一的意识；

（3）养成良好的工作习惯，具有良好的职业素养；

（4）养成爱护卫生、保护环境的责任意识。

任务一　平面零件的研磨

【学习任务】

本任务主要学习平面研磨的研磨手法（轨迹）和特殊平面零件的研磨修理等基本知识，让学员掌握平面研磨的基本方法和注意事项等基本知识及操作技能，能够按技术要求进行平面零件的研磨修理。

【学习目标】

1. 知识目标

（1）熟悉平面研磨的技术要求；

（2）熟悉特殊平面零件的研磨修理。

2. 能力目标

（1）掌握平面研磨的研磨手法；

（2）掌握平面研磨的注意事项。

3. 素质目标

（1）养成严谨的航空维修工作作风，吃苦耐劳的工作态度；

（2）具有良好的心理素质，树立航空产品质量第一的意识；

（3）养成良好的工作习惯，具有良好的职业素养；

（4）养成爱护卫生、保护环境的责任意识。

【工作情景】

对平面零件进行研磨修理时，工作者应如何正确地按照技术要求对平面零件的磨损、划痕进行修理呢？

■ 平面研磨

当零件尺寸较小时，可用精确的研磨平台进行研磨。先将研磨平板和零件表面清洗，抹拭干净后均匀涂上研磨剂，把零件放在研磨平板上，用手按住进行研磨。研磨时，零件按 8 字形轨迹运动，如图 5-9 所示，使磨痕交叉以降低表面粗糙度值。每研磨一段时间后，要变动零件在研磨平板上的位置，并不断将零件调头研磨（一般圆形零件调转 120°，方形 90°，长条形 180°），使研磨平板磨损均匀，零件的被研磨面研去量相等。

平面研磨

研磨长的零件表面时，因无大型研磨平板，可采用研磨平尺，像锉刀一样操作，按检验记录和误差记录曲线有针对性地研磨，如图 5-10 所示。

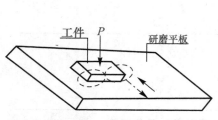

图 5-9 零件按 8 字形轨迹研磨

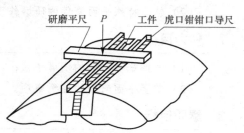

图 5-10 长零件的平面研磨

特殊形状的零件研磨可采用旋转研磨盘，研磨时用手握住零件，将被研表面靠压在研磨平面上，做径向往复运动。

在大批生产中，可采用机械研磨法，在平面研磨机上研磨平面。

在飞机附件修理过程中经常遇到一些特殊的平面零件，这些特殊的平面零件怎么研磨呢？

（1）平面处于壳体之间：如飞机副油箱增压安全阀，其阀座与壳体连成一体，且处于壳体之内，无法在平台上进行研磨。对于这种零件，可以用灰生铁或铅制成专用的研磨杆放入壳体，用手或机器转动研磨杆对阀座的平面进行研磨，如图 5-11 所示。

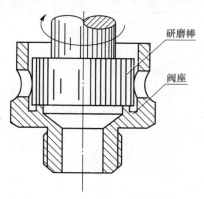

图 5-11 用研磨杆研磨

（2）平面为一斜平面：如飞机冲压单向阀，其阀座为一斜面，旁边还有高出斜面的接耳座（图 5-12）。这种零件在一般的平台上也无法进行研磨，可以将平台的一边做成向里倾斜的斜面（图 5-13），然后，将阀座放在带斜边的平台上研磨。研磨时，只能采用平行推拉方法进行。为了使阀座磨得平整，手拿零件的位置应尽量靠下，使阀座均匀地紧靠在平台上。由于研磨只能在平台的一边进行，容易使平台的这一边磨损而下凹，所以要注意经常修整平台。

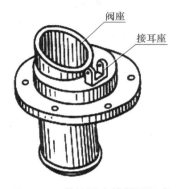
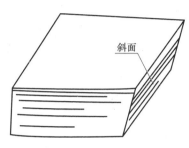

图 5-12　带接耳座的斜面阀座　　　　图 5-13　带斜边的研磨平台

（3）中间有轴的平面：如飞机的座舱增压安全阀，它是靠阀门上的两圈凸缘与阀座上的两圈凸缘平面保持密封的，如图 5-14 所示。阀门中间有一个阀轴，要研磨这种阀门，可以用灰生铁或铅做一个比阀门直径略大的研磨块，中间钻一个圆孔，如图 5-15 所示。研磨时，将研磨块夹在研磨机或车床的卡盘上旋转，手持阀门在研磨块端面进行研磨。在研磨过程中要特别注意两圈凸缘的高度必须一致（可用刀口直尺检查）。如发现高低不平，例如内圈高，可在研磨块靠内圈的地方添加新研磨剂以加强磨料的切削作用，直到两个凸缘高度完全一致并且光亮为止。这样才能保证阀门工作时的密封性。

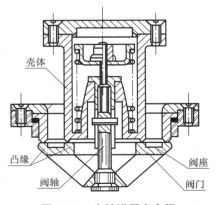
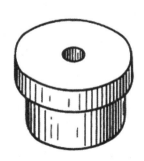

图 5-14　座舱增压安全阀　　　　图 5-15　带圆孔研磨块

工卡标题	平面研磨		工卡编号	5-2-1
工作区域			实训日期	
版本	R0		工时	30 min
任务描述	检查机件表面，存在划痕和腐蚀坑，用研磨的方法对此机件进行研磨修理。考核结束时，需提交工卡			
注意事项	1. 严格遵守操作规程； 2. 注意安全，严禁违规作业			

类别	名称	规格型号	单位	数量	工作者	检查者
工具量具	千分尺	0～10 mm	把	1		
	刀角尺		把	1		
耗材	研磨膏	W7	盒	1		

工作步骤	工作者	检查者
1. 将研磨膏均匀地涂敷在研磨平台上		
2. 将另一个研磨平台反扣上去，使两块平台相对运动，进行对磨。 注意：用 2～3 块平台进行对磨，对磨一段时间后，将平台转动角度再进行对磨，最后用刀角尺检查平台的平整度		
3. 在研磨平台上均匀地涂敷研磨膏		
4. 将平面工件的表面贴合在研磨平板上，沿研磨平台的表面，采用直线往复式、螺旋线、摆动式及 8 字或仿 8 字形进行研磨。 注意：使工件均匀受压研磨一段时间后，应将工件调转 90° 或 180° 再进行研磨。采用无周期性的运动，可使磨料在各种运动轨迹下产生微量的切削作用		
5. 研磨一段时间后，在另一个研磨平台表面调和研磨液和氧化铬后，再贴放一张纸，对研磨好的工件进行抛光		
6. 研磨好一个平面后，可用同样的研磨方法研磨另一个平面		
7. 将工件用煤油或洗涤汽油清洗干净		
8. 使用千分尺检查工件的平行度、平面平晶检查工件的平面度。保证工件的平行度和平面度误差达到工艺要求。 平行度：_____mm； 平面度：_____mm		

结束工作	工作者	检查者
清点、检查和维护工具，清扫和整理现场		

任务二 研磨平台的修整

【学习任务】

本任务主要学习研磨平台与标准平台的修整和研磨平面平面度检查方法等基本知识，让学员掌握研磨平台修整方法和注意事项、研磨平面质量检验等基本知识，能够按技术要求进行研磨平台的校整工作。

【学习目标】

1. 知识目标

（1）熟悉研磨平台修整的注意事项；

（2）熟悉光波测量仪的测量方法。

2. 能力目标

（1）掌握研磨平台修整的研磨方法；

（2）掌握研磨平面的质量检验。

3. 素质目标

（1）养成严谨的航空维修工作作风，吃苦耐劳的工作态度；

（2）具有良好的心理素质，树立航空产品质量第一的意识；

（3）养成良好的工作习惯，具有良好的职业素养；

（4）养成爱护卫生、保护环境的责任意识。

【工作情景】

对研磨平台进行研磨修理，工作者应如何正确地按照技术要求对研磨平台的磨损、划痕进行修理呢？

📖 【学习内容】

■ 一、研磨平台与标准平台的修整

研磨零件用的平台（研磨平台）使用一段时间后会因磨损不均匀而产生局部凹陷。标准平台虽不直接研磨，但在校验其他平台时与之对磨，使用时间过久也会凹陷。平台凹陷后，研磨质量和效率降低，所以，对平台必须定期检查与修整。

生铁平台如果凹陷，可以放在大生铁平台上对磨来修整。在对磨时，先用粗磨料（如 100～180 号），后用细磨料（如 240 号～W14），小平台应在大平台上做 8 字形运动，使整个平面能均匀磨削，并经常调转平台方向。

铅平台如果凹陷，一般应先在标准平台上进行校验。先在标准平台上涂红丹粉，将铅平台放上后来回推动几次，凸起的部位由于沾上红丹粉呈黑红色（黑点），用刮刀刮削，并再次进行校验。经过这样多次反复校验，直到整个平台表面呈现密集而且均匀的黑点为止。

标准平台如果凹陷，不能两块对磨，因为标准平台要求平面度很高，两块对磨容易出现一块凸一块凹的现象，可用三块平台轮流对磨的办法来消除凹陷。最后用着色剂（红丹粉）涂在平台上对磨后进行校验，如着色剂在三块平台上的粘点都均匀密集，则说明三块平台都已十分完整。

■ 二、零件平面度的简易检查方法

零件表面是否平整，一般可在精研后，根据零件的光泽加以判断。合乎要求时，其表面光泽应均匀一致。如果光泽不均匀，有的地方发暗，说明该处凹陷，需要重新研磨排除，但这种方法往往不准。比较简便而精确的方法是用光波测量仪进行测量。用该仪器测量时，将平晶放在被检平面上，在单色光照射下，通过观察平面上光的条纹是否平直，可以确定平面是否平整，观察条纹的弯曲方向，可以确定平面是凸还是凹，通过计算，可以知道凹凸程度。

工卡标题	研磨平台的修整		工卡编号	5-2-2	
工作区域			实训日期		
版本	R0		工时	30 min	
任务描述	检查机件表面，存在划痕和腐蚀坑，用研磨的方法对此机件进行研磨修理。考核结束时，需提交工卡				
注意事项	1. 严格遵守操作规程； 2. 注意安全，严禁违规作业				
类别	名称	规格型号	单位	数量	工作者	检查者
工具、量具	千分尺	0 ~ 10 mm	把	1		
	刀角尺		把	1		
耗材	研磨膏	W7	盒	1		

工作步骤	工作者	检查者
1. 将研磨膏均匀地涂敷在研磨平台上		
2. 将另一个研磨平台反扣上去，使两块平台相对运动，进行对磨。 注意：用 2 ~ 3 块平台进行对磨，对磨一段时间后，将平台转动角度再进行对磨，最后用刀角尺检查平台的平整度		
3. 在研磨平台上均匀地涂敷研磨膏		
4. 将平面工件的表面贴合在研磨平板上，沿研磨平台的表面，采用直线往复式、螺旋线、摆动式及 8 字或仿 8 字形进行研磨。 注意：使工件均匀受压研磨一段时间后，应将工件调转 90° 或 180° 再进行研磨。采用无周期性的运动，可使磨料在各种运动轨迹下产生微量的切削作用		
5. 研磨一段时间后，在另一个研磨平台表面调和研磨液和氧化铬后，再贴放一张纸，对研磨好的工件进行抛光		
6. 研磨好一个平面后，可用同样的研磨方法研磨另一个平面		
7. 将工件用煤油或洗涤汽油清洗干净		
8. 使用千分尺检查工件的平行度、平面平晶检查工件的平面度。保证工件的平行度和平面度误差达到工艺要求。 平行度：_____mm； 平面度：_____mm		
结束工作	工作者	检查者
清点、检查和维护工具，清扫和整理现场		

项目三　圆柱类工件的研磨

【学习任务】

　　本项目通过学习研磨修理中的圆柱类工件的研磨，学员学习外圆研磨和内圆研磨等基本知识，完成外圆研磨施工、内圆研磨施工及典型圆柱面研磨修理等实训任务，让学员能按技术要求进行外圆研磨修理和内圆研磨修理等相关研磨项目。

【学习目标】

1. 知识目标

　　（1）熟悉外圆研磨施工的步骤及注意事项；

　　（2）熟悉内圆研磨施工的步骤及注意事项；

　　（3）熟悉盲孔研磨施工的步骤及注意事项。

2. 能力目标

　　（1）掌握外圆研磨的研磨方法；

　　（2）掌握内圆及盲孔研磨的研磨方法。

3. 素质目标

　　（1）养成严谨的航空维修工作作风，吃苦耐劳的工作态度；

　　（2）具有良好的心理素质，树立航空产品质量第一的意识；

　　（3）养成良好的工作习惯，具有良好的职业素养；

　　（4）养成爱护卫生、保护环境的责任意识。

任务一　外圆研磨

🗒 【学习任务】

　　本任务主要学习研磨套的种类和研磨原理及典型外圆研磨的修理技术等基本知识，让学员掌握研磨套的正确使用、手工研磨外圆的一般程序等基本知识及操作技能，能够按技术要求进行外圆研磨修理工作。

◎ 【学习目标】

1．知识目标

　　（1）熟悉研磨套的种类和研磨原理；
　　（2）了解外圆研磨修理的技术要求。

2．能力目标

　　（1）正确使用研磨工具（研磨套）；
　　（2）掌握外圆研磨修理的方法及质量检验。

3．素质目标

　　（1）养成严谨的航空维修工作作风，吃苦耐劳的工作态度；
　　（2）具有良好的心理素质，树立航空产品质量第一的意识；
　　（3）养成良好的工作习惯，具有良好的职业素养；
　　（4）养成爱护卫生、保护环境的责任意识。

☑ 【工作情景】

　　关于外圆研磨修理，工作者应如何正确选用研磨工具和研磨方法对圆柱外表面的磨损、划痕进行修理呢？工作者应怎样保证研磨质量呢？

📖 【学习内容】

■ 一、外圆研磨工具

　　研磨外圆所用的工具是研磨套。研磨时，研磨剂涂在零件上，零件由研磨机（或车床）带动做旋转运动。研磨套则用手操纵，在零件上做往返运动（图5-16），使磨料均匀地对零件表面进行磨削。

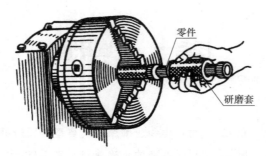

图 5-16　外圆研磨

外圆研磨也要保持适当的旋转速度和研磨压力，这与内圆研磨相同。但它的研磨压力是通过研磨套进行调整的。图 5-17 所示的研磨套由铝质外环和灰生铁套组成，沿它们的轴向开有一条槽。拧动外环上的调整螺钉，就可以改变生铁套的内径，从而调整研磨压力。

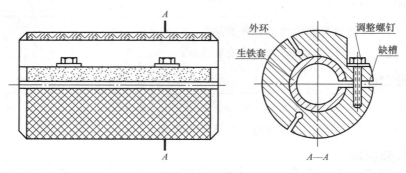

图 5-17　研磨套

这种研磨套的构造简单，但当研磨套较长时，用螺钉调整，容易使生铁套变形不均匀，难以保证零件的尺寸形状准确。为了避免这一缺陷，对于较长的研磨套，可做成如图 5-18 所示的形式，它由钢质的外环、内套和生铁套三部分组成。外环和内套的接触面呈锥形，其锥度一般有 1：10、1：20、1：50 三种。拧紧螺母，使内套左移，生铁套内径变小；拧松螺母，并用工具敲击内套，使之右移，生铁套则在自身弹性力作用下，内径自动扩大。

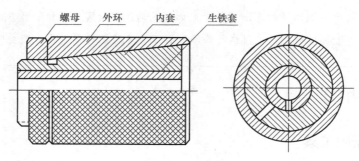

图 5-18　研磨套

■ 二、手工研磨外圆的一般程序

（1）仔细清除工件和研具上的毛刺并用煤油清洗擦干。检查被研平面的几何形状误差及尺寸，调整研磨套与零件的相配尺寸，做到研前心中有数。

（2）将工件装在车床主轴时，要防止装夹变形及顶得过紧。

（3）按研磨速度，初选出主轴转数。

（4）用软刷将研磨剂分别均匀涂在工件及研具孔中，套入研具后启动机床进行研磨。研磨时应首先注意纠正圆柱度偏差，这时可用短研磨套或研磨平尺来局部研磨，待圆柱度误差基本消除后，再在被研表面上均匀研磨。研磨时用手或用机床带动研具做轴向往复运动。用手研时，凭阻力大小的感觉来判别研磨效果。

（5）研磨过程中要经常添加研磨剂，以提高研磨效率，并不断调节研具与工件的配合，保持好适当的研磨压力。

（6）当即将达到工件尺寸要求时，应停止添加研磨剂，利用颗粒细化的作用继续研磨一段时间，以得到较低的表面粗糙度。

（7）研磨后，停止机床转动，取下工件及研具，清洗后进行技术测量。若不符合要求，应继续研磨。

对于精度要求较高及表面粗糙度较低的工件，粗研和精研及抛光应分别进行，研磨剂不可混用。

对于中间有槽的零件，如滑阀槽等，为避免研后引起形状误差，要尽量减小研磨余量。

■ 三、研磨外圆举例

1. 螺纹磨床主轴的研磨

（1）粗研：转速为 210～350 r/min，磨料为白刚玉，粒度为 280 号；研磨工具为研磨平尺和可调研磨套；粗研时要基本消除轴颈的几何形状误差，研后达到：圆柱度误差小于0.002 mm，两轴颈尺寸差不大于 0.002 mm，且只许比凸缘端轴颈大。

（2）精研：用 W28（或 W14）研磨膏和研磨直尺研磨，转速为 350～500 r/min。

（3）初抛光：用麂皮布及 W10、W7、W5 研磨膏，转速为 800 r/min；表面粗糙度可达 Ra0.025 以下。

（4）精抛光：用 W1.5 研磨膏及猪油和白绸布，抛光后应达到镜面。

2. 镗杆的研磨

（1）适用范围：修前镗杆圆柱度误差不超过 0.03 mm。

（2）研磨工艺：研具用铸铁套（HT200），磨料为棕刚玉，粗研用 240～280 号，精研用 W28～W20，研磨速度为 15～20 m/min。

（3）粗研时要基本上消除镗杆的圆柱度误差；精研时要达到粗糙度 Ra0.05；用牛皮轮加氧化铬（W7、W5）抛光。

工卡标题	外圆研磨		工卡编号		5-3-1
工作区域			实训日期		
版本	R0		工时		30 min
任务描述	检查机件外表面，存在划痕和腐蚀坑，用研磨的方法对此机件进行研磨修理。考核结束时，需提交工卡				
注意事项	1. 严格遵守操作规程； 2. 注意安全，严禁违规作业				
类别	名称	规格型号	单位	数量	工作者	检查者
---	---	---	---	---	---	---
工具、量具	研磨棒		个	1		
	研磨套		个	1		
	杠杆千分尺	6～10 mm	把	1		
设备	研磨机		台	1		
耗材	研磨膏	W7	盒	1		

工作步骤	工作者	检查者
1. 根据工件外圆的尺寸，选择尺寸合适的研磨棒和研磨套		
2. 将研磨棒夹持在研磨机夹头上		
3. 调节研磨套的直径，在研磨过程中，以保证适当的研磨压力。通过拧动研磨套外环上的调整螺钉，可以改变生铁套的内径，从而调整研磨压力		
4. 接通电源，按下启动按钮，研磨棒由研磨机带动做旋转运动		
5. 将研磨机转速调整至合适的转速		
6. 正确选用研磨料，并将研磨膏均匀地涂敷在研磨棒上。 注意：一般来说，粗研磨加工选择 W40～W20 规格的研磨膏；半精研磨加工选择 W14～W7 规格的研磨膏；精研磨加工选择 W5 以下规格的研磨膏		
7. 将研磨棒和研磨套配合起来进行研磨，及时消除它们的形状误差，以保障工件的尺寸形状准确		
8. 按下停止按钮，待研磨机转速停止		
9. 调节研磨套的直径，然后取下研磨棒		

工作步骤	工作者	检查者
10. 将研磨工件夹持在研磨机夹头上		
11. 按下启动按钮，将研磨膏均匀地涂敷在工件上		
12. 将调整好直径的研磨套套在工件上，用手握住研磨套沿轴线方向做往复运动，使磨料均匀地对工件表面进行磨削。 注意：使工件均匀受压研磨一段时间后，应将工件调转90°或180°再进行研磨，这样能使轴得到更准确的几何形状，同时，研磨套的磨耗也比较均匀		
13. 研磨一段时间后，按下停止按钮，将工件从研磨机夹头上取下		
14. 将工件用煤油或洗涤汽油清洗干净		
15. 使用杠杆千分尺测量工件外径的尺寸，保证工件的尺寸和圆柱度误差达到工艺要求。 注意：测量时，需对工件不同部位进行测量，以保证测量的精度和准确性。观察表盘的最大值和最小值，两值之差就是工件表面的圆柱度。最后，记录测量的数据。 外径：_____mm 圆柱度：_____mm		
结束工作	工作者	检查者
清点、检查和维护工具，清扫和整理现场		

任务二　内孔研磨

内圆研磨

【学习任务】

　　本任务主要学习研磨杆的种类和研磨原理以及典型内孔研磨的修理技术等基本知识，让学员掌握研磨杆的正确使用、研磨箱体孔的一般程序等基本知识及操作技能，能够按技术要求进行内圆（孔）研磨修理工作。

【学习目标】

1．知识目标

　　（1）熟悉研磨杆的种类和研磨原理；
　　（2）了解内圆（孔）研磨修理的技术要求。

2．能力目标

　　（1）正确使用研磨工具（研磨杆）；
　　（2）掌握内圆（孔）研磨修理的方法及质量检验方法。

3．素质目标

　　（1）养成严谨的航空维修工作作风，吃苦耐劳的工作态度；
　　（2）具有良好的心理素质，树立航空产品质量第一的意识；
　　（3）养成良好的工作习惯，具有良好的职业素养；
　　（4）养成爱护卫生、保护环境的责任意识。

【工作情景】

　　关于内圆（孔）研磨修理，工作者应如何正确选用研磨工具和研磨方法对圆柱内表面的磨损、划痕进行修理呢？工作者应怎样保证研磨质量呢？

【学习内容】

■ 一、内圆（孔）研磨工具

　　内圆研磨所用的工具为研磨杆。研磨时，将磨料调成研磨剂涂敷在研磨杆上，研磨杆由研磨机（或车床）带动做旋转运动，零件套在研磨杆上，用手操纵做往返运动，如

图 5-19 所示。此时，嵌在研磨杆上的磨料，对零件内表面均匀地进行磨削，形成网状细纹。由于移动速度比工具旋转速度小得多，因此，影响研磨质量的主要是旋转速度。一般来说，旋转速度增大，能使零件表面获得较好的表面粗糙度。但旋转速度过大，又易使零件和工具过热而变形，甚至引起材料表面退火，降低研磨质量。

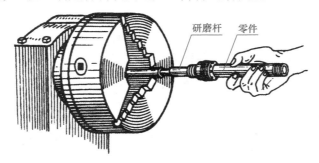

图 5-19　内圆研磨

内圆研磨时，研磨压力是通过零件与工具之间的配合紧度而产生的。该配合紧度以近似滑动配合的程度为宜。配合过紧，不仅使零件移动困难，且易产生高温而使零件变形或表面材料退火，降低零件尺寸精度和表面粗糙度；配合过松，零件在移动时容易摆动，将使零件产生较大的椭圆度和圆柱度误差。

在研磨过程中，零件和工具不断磨损，研磨压力随之减小。因此，必须及时调整研磨杆的直径，以保持适当的研磨压力。

研磨杆直径的调节方法，取决于研磨杆的构造形式。图 5-20 所示的研磨杆，是由经过淬火的碳钢芯棒和生铁套组成的。芯棒的一端呈锥形，其锥度一般为 1：50；生铁套的外径和被磨孔直径相等，其长度一般为被磨孔长度的 1.3 ～ 1.5 倍，沿生铁套轴向开一条槽。用工具敲击生铁套时，可使它沿芯棒左右移动。生铁套左移，直径涨大；生铁套右移，在其自身弹性力作用下，直径自动缩小。这种研磨套构造简单，但生铁套由于经常受到工具的敲击，容易变形或边缘产生毛刺，划伤零件，使用时必须注意敲击力量不能过大。

图 5-21 所示的研磨棒，在芯棒两端安装有调整螺母，拧动螺母，迫使生铁套在芯棒上移动，即可调整生铁套的直径。制作时必须注意螺母的外径不得大于生铁套直径，否则螺母容易划伤零件。但也不能因此而将生铁套做得很厚，造成调整困难。

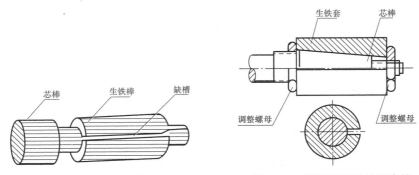

图 5-20　研磨杆　　　　　　图 5-21　带调整螺母的研磨棒

以上两种研磨杆（棒），适用研磨通孔的零件。然而，在附件中还有一些零件的孔不是通孔图［5-22（a）］，俗称盲孔。研磨盲孔时，由于盲孔里端被磨削的机会少于外端，容易产生锥度，使盲孔的直径里小外大，因此，应将生铁套的外径做成一定的锥度，如图 5-22（b）所示，并在盲孔里端多涂些研磨剂，以加强对盲孔里端的磨削。

无论在进行内圆研磨还是外圆研磨时，都要定期用研磨杆和研磨套配合起来进行研磨，及时消除它们的形状误差，以保障零件的尺寸形状准确。柱塞和衬筒经过研磨后，应检查它们的尺寸、圆柱度、椭圆度以及配合间隙是否符合规定。检查方法除了用外径百分尺和内径百分表进行测量外，也可以用如下的简易方法来判断它们的配合间隙是否正常，将零件清洗干净，蘸上 YH-10 液压油后，将衬筒垂直放置，把柱塞放入衬筒，如果柱塞在其自重作用下能够均匀缓慢地滑过衬筒，则表示两零件的配合间隙正常。

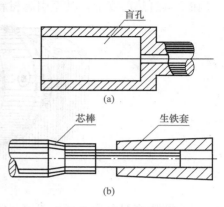

图 5-22　盲孔的研磨
（a）盲孔；（b）锥度芯棒

■ 二、研磨箱体孔的一般程序

手工研磨套状零件的内孔时，操作方法大致同研磨外圆一样，使研磨棒在研磨机或机床上旋转，工件套在研棒上，用手或机动令工件往复运动进行研磨。研磨箱体孔的一般程序如下：

（1）清除工件及研磨棒的毛刺并用煤油洗涤擦净，检查孔的几何精度偏差。

（2）将工件固定在平台上，使被研磨的孔中心线与自然水平面垂直，固定时支承要合理，避免引起装夹变形，并使孔径小端朝下。

（3）调整研磨棒外圆尺寸使其与孔配合适当。

（4）将研磨棒放入孔中试研一次，检查有无卡住现象。往复运动自如后，用软刷将研磨剂涂于研磨棒表面，用手反正转动研磨棒同时做往复运动进行研磨。

（5）在研磨过程中要不断添加适量的研磨剂，以保持切削作用，并注意清除孔两端堆积的研磨剂，以免工件产生喇叭口现象。

■ 三、研磨内孔举例

修复螺纹磨床砂轮轴前后轴瓦。轴瓦材料为双金属［外套（钢背）为 20 钢，衬瓦为磷青铜 10—0.5］。轴瓦尚有调整余量，内表面较好没有严重的划伤和擦痕。

（1）研磨棒材料：铸铁 HT200；

（2）研磨方法：用嵌砂法手工研磨；

（3）研磨剂：粗研用 W28 研磨膏，精研用 W7 及 W3.5 研磨膏。研磨液用煤油加入少量 20 号机械油；

（4）操作：研磨后孔径应等于主轴轴颈尺寸，公差 ±0.005 mm，圆度及圆柱度误差小于 0.002 mm，研棒长度大于两轴承外端距离 150 mm，沿全长车有左右旋两条油沟，并倒去油槽棱边上的毛刺。研磨时垂直安放研磨棒，并做上下及旋转运动。工作场所及研磨剂应清洁，严禁浸入脏物。

【工作任务的实施】

工卡标题	内孔研磨		工卡编号	5-3-2
工作区域			实训日期	
版本	R0		工时	30 min
任务描述	检查机件内圆，存在划痕和腐蚀坑，用研磨的方法对此机件进行研磨修理。考核结束时，需提交工卡			
注意事项	1. 严格遵守操作规程； 2. 注意安全，严禁违规作业； 3. 保持环境卫生			

类别	名称	规格型号	单位	数量	工作者	检查者
工具、量具	研磨棒		个	1		
	研磨套		个	1		
	敲击工具		个	1		
	内径量表	3～10 mm	把	1		
设备	研磨机		台	1		
耗材	研磨膏	W7	盒	1		

工作步骤	工作者	检查者
1. 根据工件内圆的尺寸，选择尺寸合适的研磨棒和研磨套		
2. 将研磨棒夹持在研磨机夹头上		
3. 调节研磨棒中生铁套的直径，在研磨过程中，以保证适当的研磨压力。用工具敲击生铁套，使它沿芯棒左右移动。生铁套左移，直径变大，生铁套右移，在其自身弹性力作用下，直径自动缩小。 注意：生铁套由于经常受到工具的敲击，容易变形或边缘产生毛刺，划伤工件，使用时必须注意敲击力量不能过大		
4. 接通电源，按下启动按钮，研磨棒由研磨机带动做旋转运动		
5. 将研磨机转速调整至合适的转速		

工作步骤	工作者	检查者
6. 正确选用研磨料，并将磨料调成研磨剂均匀地涂敷在研磨棒上。 注意：一般来说，粗研磨加工选择 W40 ~ W20 规格的研磨膏；半精研磨加工选择 W14 ~ W7 规格的研磨膏；精研磨加工选择 W5 以下规格的研磨膏		
7. 将研磨棒和研磨套配合起来进行研磨，及时消除它们的形状误差，以保障工件的尺寸形状准确		
8. 按下停止按钮，待研磨机转速停止		
9. 再次调节研磨棒的直径		
10. 按下启动按钮，将研磨膏均匀地涂敷在研磨棒上		
11. 将工件套在研磨棒上，用手握住工件沿轴线方向做往复运动，使磨料均匀地对工件内表面进行磨削。 注意：使工件均匀受压研磨一段时间后，应将工件调转 90° 或 180° 再进行研磨，这样能使轴得到更准确的几何形状，同时，研磨套的磨耗也比较均匀		
12. 研磨一段时间后，将工件用煤油或洗涤汽油清洗干净		
13. 使用内径量表测量工件内径的尺寸，保证工件的尺寸和椭圆度达到工艺要求。 注意：测量时，需测量工件内孔两端，摇动量表，观察表盘的最大值和最小值，两值之差就是工件内孔的椭圆度。最后，记录测量的数据。 内径：_____mm; 椭圆度：_____mm		
结束工作	工作者	检查者
清点、检查和维护工具，清扫和整理现场		

【学习任务】

　　本项目通过学习研磨修理中特殊工件的研磨，学员学习钢珠活门的研磨和压修与锥体研磨等基本知识，完成活门座阀口压制、内锥孔研磨和外锥体研磨等实训任务，让学员能按技术要求进行特殊工件的研磨等相关工作。

【学习目标】

1. 知识目标

　　（1）熟悉钢珠活门研磨修理的步骤及注意事项；

　　（2）熟悉锥体研磨的步骤及注意事项。

2. 能力目标

　　（1）掌握钢珠活门的研磨和压修的方法；

　　（2）掌握锥体研磨的研磨方法。

3. 素质目标

　　（1）养成严谨的航空维修工作作风，吃苦耐劳的工作态度；

　　（2）具有良好的心理素质，树立航空产品质量第一的意识；

　　（3）养成良好的工作习惯，具有良好的职业素养；

　　（4）养成爱护卫生、保护环境的责任意识。

任务一　钢珠活门的研磨和压修

【学习任务】

　　本任务主要学习活门座单阀口压制和双阀口压制修理等基本知识，让学员掌握活门座和钢珠的研磨修理方法等基本知识，能够按技术要求进行钢珠活门的研磨和压制修理工作。

【学习目标】

1. 知识目标

　　（1）熟悉钢珠活门的组成与构造；

　　（2）了解钢珠活门的常见故障。

2．能力目标

（1）掌握钢珠的研磨修理方法；

（2）掌握活门座的研磨修理方法。

3．素质目标

（1）能够准确地用图样、文字、语言等清楚地表达修理工艺与方法；

（2）养成良好的工作习惯，具有良好的职业素养。

【学习内容】

钢珠活门主要是指由钢珠和活门座组成的单向活门。它们产生轻微的锈蚀、划伤后，可以用研磨方法排除损伤，使钢珠和活门座接触密合，保持活门的密封性。

研磨活门座的方法：取一个与活门钢珠直径相同的钢珠，焊在金属棒上作为研磨工具，涂上磨料，放入壳体内研磨活门座（图5-23），直到排除损伤为止。钢珠上的轻微损伤，可用麂皮布涂上磨料，以研磨排除。如损伤严重则需要更换新钢球。单向阀座上有严重的锈蚀划伤时，如果只采用研磨方法，不但修理效率很低，而且还往往由于研磨后，阀口工作面过宽，不容易保证活门的密封性。为此，目前多采用压制阀口的方法，即将活门座阀口处压制成一条很小的圆弧面，使之与钢珠接触紧密，以保持密封性。对于一般在工作中受撞击力不大或工作不太频繁的活门（如地面接头和两用活门），可采用压制单阀口的方法［图5-24（a）］；对于在工作中受撞击力较大或工作比较频繁的活门，如液压锁内的钢珠活门，可以采用压制双阀口的方法［图5-24（b）］。

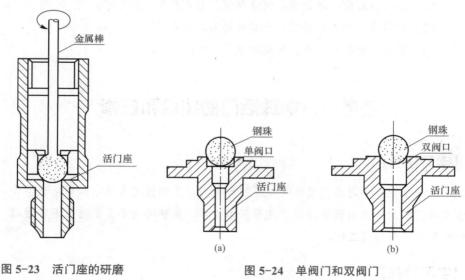

图5-23 活门座的研磨　　　　图5-24 单阀门和双阀门
　　　　　　　　　　　　　　　　（a）单阀门；　（b）双阀门

■ 一、单阀口的压制

压制前，先要除去活门座上的损伤，使阀口处呈直角。有的活门座可直接在平台上研磨，但对处于壳体孔内的活门座，可用平面铣刀铣削（图5-25）或车削，除去损伤。然后用细砂布打磨毛刺，用汽油洗净。压制时，将该活门的钢珠放在活门座上，用压力机对钢珠加压（也可用铁锤敲击），使之在活门座上压出约为 0.3 mm 宽的圆弧线（图 5-26）。经过压制（或敲击）的活门座，不仅能使钢珠与活门座接触密合，而且由于加压后能使材料冷作硬化，提高了活门座阀口处材料的表面硬度，从而可以延长活门的使用寿命。

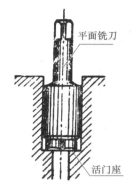

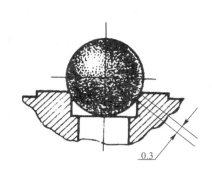

图 5-25　用平面铣刀铣活门座　　　　　　图 5-26　单阀口线

活门座经压制后，将活门装配好，用规定的油压（或气压）进行试验，不许漏油（或漏气）。如达不到要求，可用如图 5-23 所示的带钢珠的研磨工具研磨活门座，以降低阀口处的表面粗糙度。

二、双阀口的压制

对于承受撞击力较大或工作频繁的活门，除在钢珠与活门座接触面处压制一道工作阀口外，还要压制一外阀口（图 5-27）。这样，不仅可以使钢珠与活门座接触密合，提高活门材料表面硬度，而且，当活门在工作中受液压冲击或振动等原因，使钢珠偏离活门轴线而撞击活门座时，外阀口则承受钢珠的冲击力，并引导钢珠滑入工作阀口，从而保护了工作阀口的形状准确，延长了活门的使用寿命。

压制双阀口的步骤和方法如下：

（1）用细砂布抛光活门孔的边缘，除去毛刺和镀层，使表面粗糙度达 $Ra0.02$。

（2）用汽油清洗零件和工具。

（3）压制外阀口，其方法是用比工作钢珠大 1.2 ～ 1.5 倍的钢珠，放在活门座上，对钢珠施加垂直外力，保持 30 s，压入的深度为 0.3 ～ 0.6 mm，阀口线宽窄要均匀。

（4）整孔：整孔的目的是去掉压外阀口时产生的毛刺。方法是采用比活门孔大 $0.5^{+0.3}$ mm 的钢珠压入活门孔。

（5）抛光阀口：将活门夹在车床上，用细砂布抛光已压制好的外阀口及整形孔，表面粗糙度达到 $Ra0.02$，用汽油清洗干净。

（6）压制工作阀口：用工作钢珠压出工作阀口，阀口线宽约为 0.3 mm，并光亮无损。

图 5-27　双阀口线

（7）补充加工：活门经上述压修后，如有少量漏气可以用如图 5-23 所示的带钢珠的研磨工具研磨活门座。

用这种方法压制后的阀口，虽然可以比单阀口经久耐用，但由于压痕较深，所以，对一个活门一般只能压修一次。

任务二　锥体研磨

📋【学习任务】

本任务主要学习内锥孔和外锥体研磨修理等基本知识，让学员掌握内锥孔和外锥体研磨修理方法等基本知识，能够按技术要求进行锥体研磨修理工作。

◎【学习目标】

1．知识目标

（1）熟悉内锥孔研磨修理的技术要求；

（2）熟悉外锥体研磨修理的技术要求。

2．能力目标

（1）掌握内锥孔研磨修理方法；

（2）掌握外锥体研磨修理方法。

3．素质目标

（1）养成严谨的航空维修工作作风，吃苦耐劳的工作态度；

（2）具有良好的心理素质，树立航空产品质量第一的意识；

（3）养成良好的工作习惯，具有良好的职业素养；

（4）养成爱护卫生、保护环境的责任意识。

📖【学习内容】

■ 一、内锥孔研磨

内锥孔的研磨使用锥形的研磨棒进行研磨，如图 5-28 所示。用研磨棒研磨内锥孔时，为保证研后锥孔几何形状的准确性，应用环规检验研磨棒的接触质量，合格后方可用来研磨。研磨时，用手来回旋转研磨棒，并经常将研磨棒稍微向外拨出，使研磨剂分布均匀后再推入研磨。如果锥孔有摆差，则应根据偏差方向，确定研磨部位及单面施力方向。研时先用非整圆研磨棒（或单面施力）纠正锥孔的摆差，待摆差基本合格后，再用合格的研磨棒来研磨，以提高锥孔的几何精度。在研磨过程中，要经常用标准塞规检验锥孔的接触质量，发现接触不好时，可在研磨棒局部涂上研磨剂来研磨纠正。

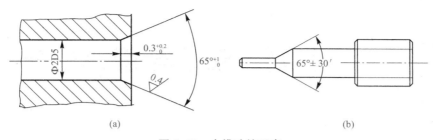

图 5-28 内锥孔的研磨

（a）带内锥孔工件；（b）锥形的研磨棒

二、外锥面研磨

外锥面的研磨可在车床上手动进行，锥度偏差用研磨平尺纠正。锥体的圆度误差，则用锥形研磨套来纠正。研磨时，研磨套应做适量的轴向往复运动，以便使研磨剂均匀分布。

另外，外锥面的研磨也可以借助于带内锥孔的研磨工具进行研磨，如图 5-29 所示。

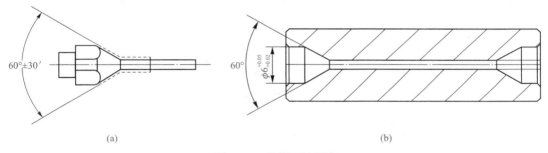

图 5-29 外锥面的研磨

（a）带外锥面工件；（b）带内锥孔的研磨工具

密封、粘接与腐蚀防护

　　密封是飞机制造和维修过程中必不可少的工序，密封的功能十分重要，它会影响人员的舒适和飞机的安全性能。腐蚀损伤是航空器最严重损伤形式之一，正确的腐蚀防护施工是确保飞机安全飞行、实现耐久性使用指标的重要手段。在飞机零部件装配、修理过程中，粘接技术作为飞机结构的一种修理手段日益重要。本模块主要介绍航空维修过程中密封的作用、基本操作规范；腐蚀的种类、处理和防腐措施；粘接技术的作用、工艺过程和安全注意事项及常用工具、量具设备的使用和维护等内容。

【学习目标】

1. 知识目标

　　（1）掌握密封胶的应用、特性及要求；

　　（2）掌握密封胶的分类与识别及注意事项；

　　（3）了解封严件密封的分类与识别；

　　（4）掌握腐蚀的原理、种类和防腐措施；

　　（5）掌握粘接的作用、优点及缺点；

　　（6）了解胶粘剂的组成及分类。

2. 能力目标

　　（1）掌握密封胶的配制和施用技能；

　　（2）会用密封胶进行贴合面密封、填角密封、紧固件密封等；

　　（3）掌握腐蚀的检查和处理的技能；

　　（4）掌握不同金属材料腐蚀防护的技能；

　　（5）掌握粘接在飞机部件连接中的应用技能。

3. 素质目标

　　（1）养成严谨的航空维修工作作风；

　　（2）养成爱岗敬业、精益求精的职业素养；

　　（3）养成吃苦耐劳的劳模精神；

　　（4）树立按章办事的职业习惯；

　　（5）培养爱护环境的责任意识。

项目一 密封的认知与施工

【学习任务】

本项目通过学习航空维修中常用的密封胶密封和封严件密封的认识、基本操作规范和注意事项等基本知识，完成密封胶密封的实训任务，让学员能够正确清点、使用密封常用的工具，能够进行密封相关维修工作。

【学习目标】

1. 知识目标

（1）掌握密封胶的应用、特性及要求；

（2）掌握密封胶的分类与识别及注意事项；

（3）掌握密封胶的使用范围、环境控制要求；

（4）了解密封胶的术语；

（5）了解封严件密封的分类与识别。

2. 能力目标

（1）掌握密封胶的配制和施用技能；

（2）会用密封胶进行贴合面密封、填角密封、紧固件密封等；

（3）会用密封圈进行密封。

3. 素质目标

（1）养成严谨的航空维修工作作风；

（2）养成爱岗敬业、精益求精的职业素养；

（3）养成吃苦耐劳的劳模精神；

（4）树立按章办事的职业习惯；

（5）培养爱护环境的责任意识。

【典型工作任务】

航空维修中要对座舱气密性、防止整体油箱漏油及结构腐蚀等进行密封处理，工作者该如何正确有效地完成这些工作呢？在工作的过程中，工作者应如何进行密封胶的识别、使用和操作呢？

飞机的密封措施可分为密封胶密封和封严件密封两大类。密封胶在飞机上十分重要：密封燃油油箱结构；维持座舱气密；阻挡水分或腐蚀性液体或气体渗入结构内部，阻止结构腐蚀；形成气动的平滑表面等。封严件（通常称为密封圈）密封的作用是为了防止流体系统（如燃油系统、液压系统或空调系统）里的流体渗漏、灰尘渗入，确保系统工作正常。其适用范围是由系统的工作压力、系统使用介质种类、密封元件运动模式、密封表面粗糙度及密封间隙等因素来决定的。

一、密封胶密封

（一）密封胶的认识

1. 密封胶的应用

密封是飞机制造和维修过程中必不可少的工序。密封胶可用于密封燃油油箱结构，燃油渗漏会导致火灾，危及飞行安全；维持座舱气密，气密性影响增压舱余压下降速率，从而影响机组人员和旅客的舒适与健康，严重释压会危及飞机安全，气密不合格则飞机不适航；阻挡水分或腐蚀性液体或气体渗入结构内部，金属结构不密封会与腐蚀介质接触，加快构件的腐蚀速度；形成气动的平滑表面等。

2. 密封胶的特性及要求

（1）不透性，隔离液体、气体；

（2）良好的弹性和塑性，抵抗变形；

（3）耐温、耐油、耐水、耐气候；

（4）对金属和非金属有良好的粘结力；

（5）对金属无腐蚀作用；

（6）毒性小，对人体健康影响小。

3. 密封胶的使用范围

（1）增压区域：飞机的增压舱需要密封，可以维持舱内压力，防止气体泄漏，保持增压舱的舒适度。

（2）燃油区域：在飞机燃油箱中，主要靠安装密封紧固件使金属面紧密配合，以及施涂密封胶来密封。在整体结构油箱中所使用的密封胶必须能够承受各种温度、压力和结构施加的载荷。

（3）易发生腐蚀区域：用来防止腐蚀介质对飞机结构件造成腐蚀，防止腐蚀性液体或气体渗入结构内部，如厨房、卫生间。

（4）振动区域：密封胶施涂在一些部件的特定零件上，防止由于振动而造成的损伤。

（5）外露区域：密封胶用在飞机外侧表面可以防止水或其他流体进入内部，并可形成气动平滑表面，这样的密封也会在整流区及接近盖板处形成良好的气动平滑表面。密封胶要填充在盖板及飞机整流表面的缺口处。

（6）防火墙区域：防火墙处的密封胶可以防止火势蔓延，降低火险。

（7）通电区域：密封可以抵挡水分，保护用电设备。

4．密封胶的分类与识别

密封胶是一种合成橡胶材料。在涂抹时要保持液态，之后通过化学变化转变成为具有一定弹性的固体物质。

密封胶的分类如下：

（1）按组成成分，密封胶可分为聚亚氨酯或聚硫密封胶和有机硅密封胶。聚硫密封胶耐高温性能较差，用在对温度要求不高的区域；有机硅密封胶一般用于有特定要求的工作区域中，如高温区等。

（2）按配制的类型，密封胶可分为单料密封胶（图6-1）和双料密封胶（含催化剂和基料两种材料）（图6-2）。

图 6-1　单料密封胶　　　　　　　图 6-2　双料密封胶

（3）按包装和存放形式，密封胶可分为罐装、套装、预混冷冻及冷冻散装形式。罐装式可根据需要的用量按比例自行配制；套装则由厂家按既定的可用量配制好催化剂和基料的剂量，用推杆将催化剂挤入基料，用搅拌杆进行充分混合后即可使用；预混冷冻形式适用于混合后可冷冻保存以延长施用时限的密封胶。

（4）按稠稀度和施用时限分类，在相同的航材型号中，密封胶根据稠稀度和施用时限等参数的不同进行分类，波音航材规范中对密封胶按稀稠度分，有A类、B类、C类、D类、E类及F类、G类，见表6-1。

表 6-1　密封胶的分类

类型	施工形式	说明
A 类	预先刷涂或预先填充施工	低黏度，较稀，有较好流动性，适合刷涂
B 类	填角、贴合面、注射、预先填充及紧固件密封施工	较稠，有良好的触变性
C 类	贴合面密封施工	中等稠度，有良好的可延展性，挤出时限较长
D 类	填孔施工	高稠度，糊状，有良好的触变性，不易流动，适合填孔施工
E 类及 F 类	喷涂施工	可喷涂密封胶，E 类胶喷涂后可作为涂层，F 类可作为底漆层
G 类	喷涂、刷涂或辊涂施工	低黏度，适用需要较长挤出时限和较好流动性的施工场合

5．密封胶的工艺性

（1）密封胶的工艺性。

1）流淌性：指密封胶涂敷后保持自身形状、自动流淌、充填的能力。

2）堆砌性：指密封胶施工后的定型能力。

3）可刮涂性：指密封胶用刮板刮涂的性能。

4）可注射性：密封胶用注射枪在 0.5 MPa 压力下的注射能力。

5）可喷涂性：指密封胶经有机溶剂稀释后可喷涂的性能。

（2）密封胶使用的各阶段。

1）活性期：指密封胶能保持适用涂敷稠度的时间。

2）施工期：指密封胶自配制后算起，保持适用铆接装配要求塑性的最长时间。

3）硫化期：指密封胶自配制后算起，达到一定硬度所需要的时间。

4）储存期：指在规定环境条件下，密封胶各组分所能存放的期限。

6．密封胶的环境控制

（1）施工的环境温度应控制为 15 ℃～ 30 ℃范围内，空气相对湿度应保持为 40%～ 80%。

（2）工作间应清洁，通风良好。在通风条件良好的工作环境中方可使用溶剂、清洁剂、密封胶及其他特殊材料。

（3）所用的压缩空气应经过滤处理，不含油、水和其他杂质。

（4）飞机接地可靠。

（5）穿戴安全防护服。在油箱内工作，穿棉工作服，戴防护面具，使用防爆灯。

（6）施工人员的工作服、手套及工具等不准有油脂和纤维附着。

（7）密封材料属于有毒、易燃及刺激皮肤类物品，要遵守生产厂家说明操作，不要进入眼睛和口腔，保护好皮肤、眼睛和呼吸腔，注意戴上口罩及手套。

7．密封胶的术语

（1）施用时限：密封胶可用涂刷或密封枪进行有效施工的时间范围，一般在 75 ℉，50% 相对湿度的条件下得出。随温度、相对湿度的变化而变化。

（2）挤出时限：在贴合面密封后，安装紧固件时，密封胶可从贴合处挤出。挤出时限就是指密封胶从解冻后到不能再从贴合处挤出的时间范围。

（3）无黏性状态：用一片薄纸按压在密封胶上，薄纸不会被粘接。在密封胶上面施涂覆盖层之前，必须保证密封胶已经固化到这种状态。

（4）固化时限：密封胶通过化学变化及溶剂挥发的方式硬化或凝固的过程所需要的时间范围。固化速率与环境、温度、相对湿度及施涂的厚度有关。

（二）基本操作规范

1．施工准备

（1）常用工具。应根据手册要求确定施工形式，准备好相应的工具。常用工具包括密封胶专用铲刀、密封胶注射枪、电子秤、清洁用品、辊子、展延板、整形工具、粘纸等（图 6-3）。

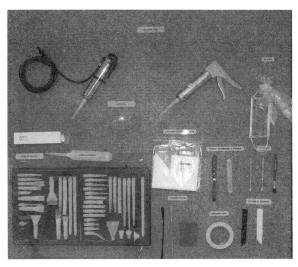

图 6-3 常用的部分工具

（2）劳保用品：施工时，会接触清洁剂、密封胶等化学品，应使用必要的保护用品，如手套、口罩、护目镜等。

2．施工程序

（1）去除密封胶。

1）施工前对受施工影响的区域采取适当的屏蔽保护措施。

2）使用专用的铲刀去除旧密封胶，然后用布和清洁剂擦拭干净。

（2）表面预处理。因为表面有尘土和油脂会影响密封胶的黏附力和粘结力，在密封前先要对表面进行彻底清洁。一般是把溶剂倾倒在白布上，采取局部、循序渐进的清洁方式。反复清洁操作直至在布上没有可见的污渍。

（3）确保底漆层完好。根据手册要求，确保表面底漆层完好，必要时应重新喷涂。

（4）配制密封胶。遵循密封胶标签上有关密封胶调制准备的说明，按规范操作。对于单料密封胶，可直接使用；对于双料密封胶，一般的操作方法如下：

1）查看标签，检查基料和催化剂的批号，核实有效期。如果批号不一致、过期或发现密封胶已经变质，应停止使用。

2）做好个人防护措施，戴好手套。

3）称量：在进行配比之前，基料和催化剂应充分搅拌均匀，按照说明程序对两部分混合物按正确比例在电子秤上称量进行调配。

4）搅拌：使用适当的工具充分搅拌混合物直至混合物呈均匀、颜色统一的物质，注意搅拌时不要混入气泡。如果看到斑点或条纹，说明没有充分混合，这样会影响使用效果。

5）混合后的密封胶必须根据规定的施工时间要求完成施工。

（5）施用。按照手册的规定，采取正确的施工形式进行施工，确保外形和尺寸等参数满足要求，并在规定的施工时限内完成。施用的一般方法如下：

1）施工前，应对受施工影响的区域或部件采取适当的屏蔽保护措施。通常用粘纸按规范要求的尺寸隔离出施工区域。

2）单料密封胶的施用：

①根据工作需要可将喷嘴切成一定角度，角度决定密封胶的厚度。

②用注胶枪向前挤推密封胶，挤出的部分应均匀，截面厚度要达标。

③在表面固化之前，尽快将密封胶涂抹到所需的厚度。

3）双料密封胶的施用：

①缓慢、连续地将密封胶涂到工作表面，要充足且能够完全覆盖需施涂区域。

②用整形工具调整外形，抚平密封胶让表面光滑，满足密封胶成形尺寸要求。

③用整形工具除去多余的密封胶。

4）等密封胶充分固化后再在上面进行其他工作。

5）做最后的检查，不符合要求的要重做。

6）去除屏蔽保护。

（6）固化检查。在密封胶充分固化后，才可覆盖其他涂层。按要求取部分用于施工的密封胶做样本，以便确认固化的情况。

（7）做好清理工作。密封区域必须保持清洁，正确处理多余的密封胶，分解工具并清洗干净、妥善存放。

3．几种施工形式

（1）缝内密封，如图 6-4 所示。

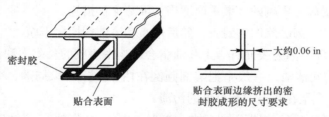

图 6-4　缝内密封

（2）缝外密封，如图 6-5 所示。

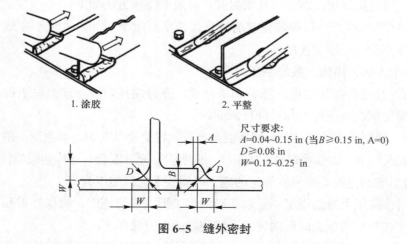

图 6-5　缝外密封

（3）紧固件密封，如图 6-6 所示。

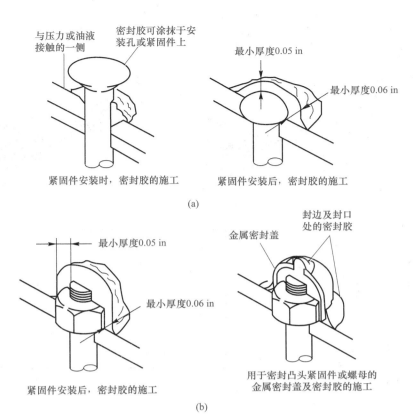

（a）

（b）

图 6-6　紧固件密封

（a）埋头紧固件密封形式；（b）凸头紧固件密封形式

（4）填充密封，如图 6-7 所示。

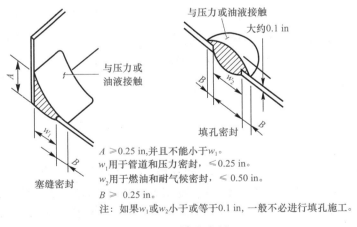

$A \geqslant 0.25$ in,并且不能小于w_1。

w_1用于管道和压力密封，$\leqslant 0.25$ in。

w_2用于燃油和耐气候密封，$\leqslant 0.50$ in。

$B \geqslant 0.25$ in。

注：如果w_1或w_2小于或等于0.1 in，一般不必进行填孔施工。

图 6-7　填充密封

（5）航空动力平滑表面密封，如图 6-8 所示。

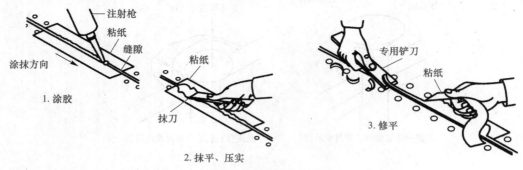

尺寸要求

缝隙的宽度与深度	
宽度A/in	深度B/in
0.02~0.03	0.10(最大)
0.03~0.05	0.25(最大)
0.05~0.10	0.50(最大)
0.10~0.15	0.75(最大)

图 6-8　航空动力平滑表面密封

4．注意事项

（1）配制密封胶时，应先阅读容器上的标签，明确相应的安全保障信息。施工时，佩戴护目镜，手套。

（2）密封胶和清洁剂属于易燃危险品，施工时要保证良好的通风。

（3）施工时，严格按照手册规范施工。不要让密封胶堵塞排水口，在燃油箱施工时，不能用塑胶刮板，以防止摩擦产生静电。施工后，应留样本，以备检查固化情况。做好工作区域及个人的清洁工作，废弃物应按规定进行处理。

■ 二、封严件密封

（一）封严件的认识

1．用途与适用范围

封严件（通常称为密封圈）的作用是防止流体系统（如燃油系统、液压系统或空调系统）里的流体渗漏、灰尘渗入，确保系统工作正常。其适用范围是由系统的工作压力、系统使用介质种类、密封元件运动模式、密封表面粗糙度以及密封间隙等因素来决定的。

2．封严件的分类与识别

密封元件的材质不同，其物理特性也不同，能耐受的介质也不同。密封元件形状不同，其密封作用也不同。常用的材料与形状见表 6-2、表 6-3。

表 6-2　密封圈的材料与特性

材料	原料	特性
丁腈	合成橡胶	耐石油基液压油和矿物润滑脂、不耐酸
氯丁	乙炔基橡胶	耐石油抗磨、不耐酸
异丁	原油合成橡胶	抗酸、耐液压油
聚四氟乙烯	四氟乙烯的聚合物	耐温、适合各种介质、膨胀小

表 6-3　密封元件的形状与作用

封严件的形状	作用
O 形密封圈	防止内漏和外漏的双重功能
支撑圈	侧面支撑 O 形密封圈
密封胶碗	动态静态密封，如作动筒、油泵、阀门等
V 形密封圈	单向密封，安装时 V 口朝向压力方向
U 形密封圈	单向密封，安装时 U 口朝向压力方向
密封薄垫	表面静态密封，材料有铝箔、铜箔、石棉、橡胶等
刮圈	防止污染物渗入系统
铜石墨封严	用于发动机机件的动态密封，防止油液渗漏

（二）基本操作规范

1. 准备

（1）手册。常用 O 形密封圈拆装的标准施工工艺可以查找飞机维修手册，特殊类型的密封圈拆装工艺则应查找相关系统部件的拆装程序。

（2）材料与类型。密封圈的型号应严格按照部件图解手册的规定选用。密封圈的润滑剂应按维修手册的规定选择。

（3）方式与工具。按手册规定的方式和工具拆装密封圈，确保无损伤、扭曲或变形。

2．操作

（1）拆卸时，使用正确的工具（钝头钝边或软木、塑料的工具）并采取必要的保护措施，以免损伤安装面。拆除的旧密封元件不得重复使用，应按规定进行更换。

（2）选择正确的密封圈，检查密封圈的外观，查看包装袋上标注的耐温、耐受介质、件号规格及存储时间，确保无损伤、变形及过期，如果发现老化、龟裂、缺损、缺乏弹性、明显变形、过期，都应报废。

（3）按要求选择润滑剂，做好密封圈及其安装面的润滑。有些情况下，还应将密封圈放在润滑油内浸泡一段时间，才能安装。

（4）清洁和检查安装面，确保无划伤、切伤、刻痕或毛刺。特别留意在尖锐边缘（如螺纹、边角）处，应采取适当的保护措施，如用纸垫保护。

（5）选择适当的装配工具，按规范要求正确装配密封圈。检查密封圈，确保无损伤、扭转、受力不匀或变形。如 O 形密封圈的拉伸内径不得超过 50%。确保径向密封有合适的凸出量，侧面密封有足够的压紧量，活动密封有良好的侧面间隙。

（6）施工结束后，清洁工作区域。完成系统泄漏测试。

3．注意事项

（1）严格遵守手册规定选择密封圈。一般情况下，密封圈只能使用一次。

（2）严格保存密封圈，使用前应检查密封圈，如果发现老化、龟裂、缺损、缺乏弹性、明显变形、超过保管期或使用期，都应报废。

（3）安装前应润滑并采取必要的保护措施，防止损伤。安装后应进行泄漏测试。

■ 三、密封试验

密封工作完成后，按设计要求，需做各种密封试验，即气密结构的气密性试验、油密结构的气密性试验、充气油密试验、停放油密试验、振动试验和晃振试验、水密结构的浸水试验和淋雨试验，以确保结构密封的可靠性。

1．对密封结构的检查

渗透法用于检查：封胶边缘与结构有无裂缝；封胶边缘与框架有无裂缝；油箱内漏点；表面涂层损伤处的飞机结构是否有点状或晶间腐蚀。

2．整机密封试验

对飞机整机气密舱的试验方法有流量法和压力降法两种。

（1）流量法也称补偿法：要求密封试验时连续供给气密舱一定流量的气体。当舱内压力达到设计余压值并保持稳定后，其单位时间供气量等于气密舱单位时间泄漏量。这时可以将供气量作为泄漏量。无论大或小的气密舱都可以采用这种方法测试，但它更适用泄气量较大而容积较小的飞机气密舱。

（2）压力降法的操作：向气密舱连续供气，使舱内压力达到设计余值（一般在 0.029～0.058 MPa 范围内）。关断气源，舱内压力由于空气泄漏而逐渐下降，依据气压下降时间就可以计算出气密舱的泄漏量。这种方法所使用的设备简单，测试方法简易可靠，适用于泄漏小、容积大的气密舱。目前，民航飞机广泛采用这种方法测试气密舱的密封性。

3．局部密封试验

局部密封试验常用的方法有抽真空法、压力法、污染法三种。

（1）抽真空法：在可疑的试验缝隙处，涂上肥皂水，罩上透明的罩子，抽真空，当观察到某处冒肥皂泡就说明该处有泄漏。

（2）压力法：向气密舱内充空气，在舱外可疑缝处涂肥皂水，当观察到某处冒肥皂泡就说明该处有泄漏。此种方法一般与用压力降法做整机气密试验同时进行。

（3）污染法：向气密舱内充含有氨气（一般氨气量为舱内有效容积的1%）的空气，在舱外可疑缝处贴上浸过50%硝酸汞的纸条。如果有泄漏，含50%硝酸汞的纸条将出现黑斑。有些情况下，也可以用在可疑缝处涂白垩水的方法，当有漏气发生时，涂白垩水处也会产生污斑。涂白垩水的方法需要等到白垩水干了以后才可进行试验。

4．结构油箱的密封

结构油箱的密封要求高于气密舱，常用的方法有煤油渗漏法和仪器测试法两种。

（1）煤油渗漏法：在结构油箱的外部涂白垩水溶液，待白垩水干了以后，在油箱内部充灌煤油，按飞机机型要求停滞一段时间，用目视的方法观察渗漏情况。如果有泄露，涂白垩水处将被污染。

（2）仪器测试法：向结构油箱内充灌煤油，停滞一段时间，用嗅敏仪进行检查。嗅敏仪的指示器和报警装置可以帮助测试人员检查到油箱的密封情况。由于嗅敏仪的灵敏度比较高，对试验的环境有一定的要求。因此要保证周围环境通风、清洁，附近没有煤油或被煤油污染。

■ 四、密封结构渗漏的原因及排除

1．渗漏的原因

飞机结构密封性能与选用的密封门的结构形式、结构的刚度、密封缝隙的尺寸大小和形状及施工方法有密切关系。

在密封铆接中，任一施工环节不正确都可能造成渗漏。例如，密封面清洗不彻底、密封胶调制不当或贮存超期、实施密封工序的操作不正确等。另外，密封胶老化、构件受力过大及结构变形都会造成渗漏。

2．渗漏排除方法

渗漏排除的操作要点及注意事项如下：

（1）首先应分析渗漏原因，查找出漏源，然后有的放矢地进行修理。

（2）修理用的密封胶必须同旧密封胶相容。

（3）铲除失效密封层时，不应损伤结构。结构表面的氧化膜损伤时，应用冷氧化液处理后再进行密封。

（4）缝内密封渗漏时，如果渗漏范围不大，在贴合面密封可能渗漏的位置，增加铺设缝外密封胶，使损坏的贴合面密封层与密封介质隔离，如果是较大渗漏的故障，则需分解已密封的结构，清洗贴合面，重新密封。

（5）清除缝外密封胶时，用刀将原密封胶切至距零件表面约3 mm，然后用浸泡过脱胶剂的白布或脱脂棉覆盖在密封胶上，待胶起皱后将其清除。

（6）分解紧固件时，如果是分解铆钉，可钻掉铆钉头，冲出钉杆。若分解螺栓，应先拧下螺母，用脱胶剂溶解螺栓孔和结合面上的密封胶，然后打出螺栓。

（7）若是在结构下陷处的渗漏，可用钩状钢丝或小的切割工具，清除旧密封胶，将残余胶清理干净，然后重新注射密封胶。

（8）局部密封不良的部位，如果密封层粘接良好，可以只进行局部切割清除，然后补涂密封胶，并将其与原密封胶搭接处加以整形。

（9）对尺寸不够的缝外密封胶的表面应进行清洗，补涂密封胶并重新整形。

（10）如果密封层的粘接不良，未粘在密封面上，则用锋利的塑料或硬木工具清除密封不良的密封胶，直到露出结构金属表面，两端的密封胶应切成斜面，涂敷密封胶使新旧密封胶连续搭接，整形应光滑，避免截面突然改变。

（11）若是紧固件端头注胶密封渗漏，应清除包裹紧固件的密封胶层，使紧固件与结构金属表面完全露出，清洁后重新密封。

（12）若是密封罩密封渗漏，应用切割工具切开罩盖下部及周边，与结构完全分离，用钳子取下密封罩，切除紧固件上剩余密封剂，清洁后重新密封。

（13）当结合零件的剩余强度较大、漏源清楚而且集中部位少时，可采用注射排漏法。即在渗漏部位钻孔，清洗后往孔内注射密封胶。

工卡标题	对金属结构按要求涂抹密封胶			工卡编号	6-1-1
工作区域				实训日期	
版本	R0			工时	90 min
任务描述	对金属结构按要求涂抹密封胶，先对照工具清单按要求进行工具的清点、检查，再去除旧的密封胶，然后按要求涂抹密封胶。考核结束时，需提交工卡				
注意事项	1. 严格遵守操作规程； 2. 注意安全，严禁违规作业； 3. 保持环境卫生				
类别	名称	规格型号	单位	数量	工作者	检查者
---	---	---	---	---	---	---
工具量具	密封胶铲刀		把	1		
	密封胶压力枪		把	1		
	压舌板（密封胶涂抹工具）		个	1		
	口罩		个	1		
	小刀		把	1		
	手套		双	1		
	直尺		把	1		
	铅笔		支	1		
设备	电子秤		台	1		
耗材	白布					
	清洁剂					
	纸胶带					
	分隔包装或单一成分密封胶					

工作步骤	工作者	检查者
1. 准备： （1）查金属结构原有密封胶状况。 （2）选择合适密封胶铲除工具，去除结构结合处密封胶； （3）在空客飞机维护手册（AMM28-11-00）中查找除胶和抹胶工具。 （4）清洁密封胶去除后的区域，检查结合处腐蚀情况。 （5）混合调和的分隔包装密封胶，按使用说明书依比例调配，均匀搅拌。 （6）一包装密封胶可直接使用		
2. 操作： （1）清洁工作表面。 （2）使用胶带纸保护密封胶施加处周围区域。 （3）使用密封胶压力枪或密封胶涂抹工具在施工面施加密封胶。 （4）修正抹平结合处施加的密封胶，使其表面光滑。 （5）待密封胶表面稍干后，去除周围保护胶带纸。 （6）清洁密封胶周围区域		
3. 目视检查： （1）检查密封胶表面光滑度是否符合要求。 （2）检查密封胶的黏度是否符合要求		
结束工作	工作者	检查者
清点、检查和维护工具，清扫和整理现场		

任务一　缝外密封的施工

【学习任务】

本任务主要学习密封胶密封的施工形式之一——缝外密封的施工操作技能，让学员能够正确选用常用的密封工具，能够进行缝外密封的相关维修工作。

缝外密封

【学习目标】

1. 知识目标

（1）掌握密封胶的应用、特性及要求；

（2）掌握密封胶的分类与识别及注意事项。

2. 能力目标

（1）掌握密封胶的配制和施用技能；

（2）会用密封胶进行缝外密封的施工。

3. 素质目标

（1）养成严谨的航空维修工作作风；

（2）养成爱岗敬业、精益求精的职业素养；

（3）养成吃苦耐劳的劳模精神；

（4）树立按章办事的职业习惯；

（5）培养爱护环境的责任意识。

【工作情景】

> 航空维修中要对座舱气密性及结构腐蚀等进行密封处理，工作者该如何正确有效地完成这些工作呢？在工作的过程中，工作者应如何进行密封胶的识别、使用和操作呢？

📖 **【学习内容】**

　　在两个相连零件的接缝处涂敷密封材料的密封方法称为缝外密封。缝外密封可分为以下几种：

　　（1）接缝处涂密封胶密封。

　　（2）接缝处刮腻子或铺腻子布密封。

　　（3）空洞、嵌缝堆胶密封。

　　缝外密封主要是指在接缝处涂密封胶密封。其操作步骤如下：

　　（1）清洁。先用毛刷清扫施工区域，再用丙酮清洁干净。

　　（2）屏蔽保护。先用直尺在接缝处量 5 ～ 8 mm，再用铅笔划线，然后用粘纸围出施工区域。

　　（3）涂胶。将胶筒装入注胶枪，调整喷嘴的角度，使枪头紧贴着缝隙；向前推挤密封胶，使其产生的鼓起在枪头的前方，尽量保持直线行进。

　　（4）整形。用整形工具将密封胶压紧、修整，确保光滑、平整、无气泡，成形尺寸满足要求。

　　（5）确保。在施用时限内完成施工，去除多余的密封胶。

　　（6）拆除。待胶固化好后，拆除粘纸，注意撕粘纸的方向：向外撕，以避免台阶出现。

　　（7）清洁。清洁施工区域、工具和设备，妥善处理废弃物，做好个人清洁工作。

　　（8）检查。检查所涂的密封胶是否符合要求，不符合要求的重做。

【工作任务的实施】

工卡标题	缝外密封的施工	工卡编号	6-1-2
工作区域		实训日期	
版本	R0	工时	60 min
任务描述	对金属结构按要求进行缝外密封的施工，先对照工具清单按要求进行工具的清点、检查，再去除旧的密封胶，然后按要求涂抹密封胶。考核结束时，需提交工卡		
注意事项	1. 严格遵守操作规程； 2. 注意安全，严禁违规作业； 3. 保持环境卫生		

类别	名称	规格型号	单位	数量	工作者	检查者
工具、量具	密封胶铲刀		把	1		
	密封胶压力枪		把	1		
	压舌板（密封胶涂抹工具）		个	1		
	口罩		副	1		
	小刀		把	1		
	手套		副	1		
	直尺		把	1		
	铅笔		支	1		
设备	电子秤		台	1		
耗材	白布					
	清洁剂					
	纸胶带					
	分隔包装或单一成分密封胶					

254

工作步骤	工作者	检查者
1. 准备： （1）查金属结构原有密封胶状况。 （2）选择合适密封胶铲除工具，去除结构结合处密封胶； （3）在空客飞机维护手册（AMM28-11-00）中查找除胶和抹胶工具。 （4）清洁密封胶去除后的区域，检查结合处腐蚀情况。 （5）混合调和的分隔包装密封胶，按使用说明书依比例调配，均匀搅拌。 （6）一包装密封胶可直接使用		
2. 操作： （1）清洁工作表面。 （2）使用胶带纸保护密封胶施加处周围区域。 （3）使用密封胶压力枪或密封胶涂抹工具在施工面施加密封胶。 （4）修正抹平结合处施加的密封胶，使其表面光滑。 （5）待密封胶表面稍干后，去除周围保护胶带纸。 （6）清洁密封胶周围区域		
3. 目视检查： （1）检查密封胶尺寸（图1）和表面光滑度是否符合要求（图2）； （2）检查密封胶的黏度是否符合要求 $d = 0.15 \text{ in}$ $w = 0.25 \sim 0.5 \text{ in}$ 图 1　缝外密封 图 2　缝外密封		
结束工作	工作者	检查者
清点、检查和维护工具，清扫和整理现场		

任务二 紧固件密封的施工

紧固件密封

【学习任务】

本任务主要学习密封胶密封的施工形式之一——紧固件密封的施工操作技能，让学员能够正确选用常用的密封工具，能够进行密封胶紧固件密封的相关维修工作。

【学习目标】

1. 知识目标

（1）掌握密封胶的应用、特性及要求；

（2）掌握密封胶的分类与识别及注意事项。

2. 能力目标

（1）掌握密封胶的配制和施用技能；

（2）会用密封胶进行紧固件密封的施工。

3. 素质目标

（1）养成严谨的航空维修工作作风；

（2）养成爱岗敬业、精益求精的职业素养；

（3）养成吃苦耐劳的劳模精神；

（4）树立按章办事的职业习惯；

（5）培养爱护环境的责任意识。

【工作情景】

> 航空维修中要防止整体油箱漏油及结构腐蚀等，需进行密封处理，工作者该如何正确有效地完成这些工作呢？在工作的过程中，工作者应如何进行密封胶的识别、使用和紧固件密封操作呢？

![图标]【学习内容】

紧固件密封是指在铆钉、螺栓等紧固件上附加密封胶、密封元件或使用自身能起密封作用的密封方法。紧固件密封操作步骤如下：

（1）清洁。螺栓用丙酮清洁干净，若有旧胶的话应先把旧胶去除干净，再用丙酮清洁。

（2）涂胶。用注胶枪把胶涂好。

（3）整形。用整形工具将密封胶压紧、修整，确保光滑、平整，成形尺寸满足要求。

（4）清理。去除多余的密封胶。

（5）检查。检查所涂的密封胶是否符合要求。

（6）清洁。清洁施工区域、工具和设备，妥善处理废弃物。

紧固件涂胶密封的要求如下：

（1）为连接件表面凸出的紧固件端头注胶时，密封胶的形状和尺寸，如图 6-9 所示。

（2）在凸出的被连接件表面的紧固件两端刷胶，密封胶应连续、平滑、无气孔，刷涂密封胶的面积应比密封部位宽出 5 mm，最终密封涂层厚度为 0.3 ～ 0.6 mm。

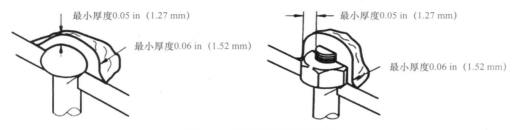

图 6-9　紧固件端头密封形状

工卡标题	紧固件密封的施工			工卡编号	6-1-3
工作区域				实训日期	
版本	R0			工时	60 min
任务描述	对金属结构按要求进行紧固件密封的施工,先对照工具清单按要求进行工具的清点、检查,再去除旧的密封胶,然后按要求涂抹密封胶。考核结束时,需提交工卡				
注意事项	1. 严格遵守操作规程; 2. 注意安全,严禁违规作业; 3. 保持环境卫生				

类别	名称	规格型号	单位	数量	工作者	检查者
工具、量具	密封胶铲刀		把	1		
	密封胶压力枪		把	1		
	压舌板(密封胶涂抹工具)		个	1		
	口罩		个	1		
	小刀		把	1		
	手套		双	1		
	直尺		把	1		
	铅笔		支	1		
设备	电子秤		台	1		
耗材	白布					
	清洁剂					
	纸胶带					
	分隔包装或单一成分密封胶					

工作步骤	工作者	检查者
1. 准备: (1) 查紧固件原有密封胶状况。 (2) 选择合适密封胶铲除工具,去除螺栓铆钉处密封胶; (3) 在空客飞机维护手册(AMM28-11-00)中查找除胶和抹胶工具。 (4) 清洁密封胶去除后的区域,检查螺栓铆钉处腐蚀情况。 (5) 混合调和的分隔包装密封胶,按使用说明书依比例调配,均匀搅拌。 (6) 一包装密封胶可直接使用		
2. 操作: (1) 清洁工作表面。 (2) 使用胶带纸保护密封胶施加处周围区域。 (3) 使用密封胶压力枪或密封胶涂抹工具在施工面施加密封胶。 (4) 修正抹平螺栓铆钉处施加的密封胶,使其表面光滑。 (5) 待密封胶表面稍干后,去除周围保护胶带纸。 (6) 清洁密封胶周围区域		
3. 目视检查: (1) 检查密封胶尺寸和表面光滑度是否符合要求; (2) 检查密封胶的黏度是否符合要求		
结束工作	工作者	检查者
清点、检查和维护工具,清扫和整理现场		

项目二　腐蚀的认知与防护

【学习任务】

本项目通过学习航空维修中腐蚀损伤的种类、检查、处理和防护措施等基本知识，完成铝合金轻微腐蚀防护的实训任务，让学员能够正确清点、使用腐蚀损伤的检查和防护常用的工具，能够进行防腐相关维修工作。

【学习目标】

1. 知识目标

（1）掌握金属腐蚀的原理、种类及防护措施；

（2）掌握腐蚀损伤的检查方法；

（3）掌握不同材料的腐蚀防护措施。

2. 能力目标

（1）掌握腐蚀损伤的检查和评估技能；

（2）掌握腐蚀损伤的清除技能；

（3）掌握腐蚀损伤的防腐技能。

3. 素质目标

（1）养成严谨的航空维修工作作风；

（2）养成爱岗敬业、精益求精的职业素养；

（3）养成吃苦耐劳的劳模精神；

（4）树立按章办事的职业习惯；

（5）培养爱护环境的责任意识。

【典型工作任务】

腐蚀损伤是航空器最严重的损伤形式之一，它严重危及飞行器的安全。另外，用于维修结构腐蚀损伤的费用也是相当高的。为保证航空器的飞行安全，降低维修费用，机务维修人员必须及时发现飞机的腐蚀损伤并采取相应的维修措施。维修人员该如何正确有效地完成这些工作呢？在工作的过程中，工作者应如何进行腐蚀损伤的检查和处理呢？

📖 【学习内容】

腐蚀损伤是航空器最严重的损伤形式之一，它严重危及航空器的飞行安全。另外，在使用寿命期内，用于维修结构腐蚀损伤的费用是相当高的。根据国际航空运输协会1983年的统计，由于飞机结构腐蚀给航空公司带来的平均经济损失大约是一架飞机每飞行1小时需要24美元的维修费用。因此，为保证航空器的飞行安全，降低维修费用，机务人员必须及时发现航空器的腐蚀损伤，并采取相应的维修措施。

■ 一、腐蚀损伤的认识

（一）金属腐蚀的认识

1. 金属腐蚀的概念

金属和它所处的环境介质之间发生化学、电化学或物理作用，引起金属的变质和破坏称为金属腐蚀。

金属腐蚀会使金属表面锈蚀、粗糙、侵蚀或形成蚀坑，并且会侵蚀到表面保护层的里面、不同金属层之间和金属晶体边界处，破坏金属内部晶体结构，使金属丧失原有的物理性能和机械性能，降低结构的承载能力，造成结构破坏，带来极其严重的后果。

2. 金属腐蚀的原理

金属腐蚀按其腐蚀的原理可分为化学腐蚀和电化学腐蚀；按其腐蚀的形式又可分为全面腐蚀和局部腐蚀；按其产生腐蚀的环境又可分为应力腐蚀、工业介质腐蚀、大气腐蚀、海水腐蚀和微生物腐蚀等。

化学腐蚀是指金属表面和介质发生纯化学反应而引起的损坏。反应过程的特点是金属表面的原子与介质中的酸、碱或氧化剂直接发生化学反应，生成腐蚀产物。在腐蚀过程中没有电流产生。金属的化学腐蚀主要是指金属的高温氧化。在高温条件下，金属与周围气态介质发生化学反应而遭到破坏的过程，称为高温氧化。例如，飞机发动机燃烧室的火焰筒，在高温燃气中的烧蚀就属于高温氧化。

金属在电解质溶液中的腐蚀是一种电化学腐蚀过程。在电化学腐蚀过程中，存在着由于电子流过金属而产生的电流。电化学腐蚀比化学腐蚀更为普遍。飞机机体金属结构件在潮湿的含有有害物质空气中产生的腐蚀，都属于电化学腐蚀。

（1）电化学腐蚀的原理：在腐蚀学里，通常规定电位较低的金属为阳极，电位较高的金属为阴极。电位较低的阳极会失去电子，成为带正电的离子，游离到溶液中，并生成腐蚀沉淀物，所以，在电化学反应中，阳极金属会逐渐溶解受到腐蚀。

（2）电化学腐蚀发生的条件：

1）两种电位不同的金属形成阳极、阴极；

2）存在电解质溶液；

3）在阳极和阴极之间形成电子通路。

防止金属产生电化学腐蚀的措施，也就是破坏上面三个条件中的任何一个，来阻止电化学腐蚀的产生。

（二）腐蚀损伤的种类

掌握和分辨腐蚀损伤的形式，对于发现和判断腐蚀损伤并及时采取正确的处理措施来说，是至关重要的。

1. 氧化腐蚀

金属与环境中的氧化性介质发生氧化反应，在金属表面形成一层氧化皮，使金属丧失原有的物理性能和力学性能，降低结构的承载能力，造成结构破坏，带来极其严重的后果。

控制措施：选用耐蚀合金；净化空气；采用高温涂层技术。

2. 点腐蚀

金属表面大部分不发生腐蚀或腐蚀很轻微，但局部地区出现腐蚀小孔并向深处发展的现象称为点腐蚀或小孔腐蚀（图6-10）。点腐蚀形成小孔形状是各种各样的，在金属表面分布有些是分散的，也有的较集中，形成一些"麻坑"。多数的腐蚀坑被腐蚀产物覆盖，表面可以看到一小撮一小撮的白色粉末，也有的腐蚀小孔是开口的。点腐蚀是破坏性和隐患较大的腐蚀形态之一。它在失重很小的情况下就会导致构件发生穿孔破坏。在承受应力的情况下，会成为应力腐蚀源，诱发构件腐蚀开裂。

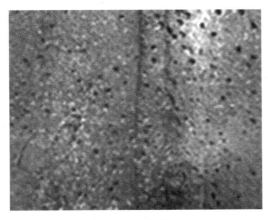

图 6-10　点腐蚀

点腐蚀多发生在表面生成钝化膜的金属或合金上，如不锈钢、铝及铝合金等。

控制措施：选择耐蚀合金，如钛合金；改善介质条件，降低氯离子含量和介质的温度，增加介质的流速；电化学保护，用阳极抑制点蚀；使用缓蚀剂。

3. 缝隙腐蚀

金属表面由于存在异物，或结构上的原因形成了缝隙，其宽度足以使介质进入缝隙而又使与腐蚀有关的物质流动困难，从而引起缝内金属腐蚀加速的现象，称为缝隙腐蚀。

在结构中不可避免会出现缝隙，如法兰盘对接面、螺母压紧面、铆钉头底面、焊渣、锈层、污垢等。若形成的缝隙宽度在 0.025 ～ 0.1 mm 的范围内，就会产生缝隙腐蚀。绝大多数腐蚀介质（包括淡水）可以引起缝隙腐蚀，如果腐蚀介质中含有氯离子，缝隙腐蚀就更容易发生。

控制措施：消除缝隙，有效方法是使用防腐剂，排除水分，并阻止水分再进入缝隙。

4. 丝状腐蚀

丝状腐蚀是缝隙腐蚀的一种特殊形式。在有涂层的钢、锌、铝、镁等金属表面上经常可以看到。金属表面由于涂层渗透水分和空气而引起腐蚀，腐蚀产物呈细丝状纤维网的样子，这种腐蚀称为丝状腐蚀（图6-11）。又因多发生在涂层下面，又称作膜下腐蚀。引起丝状腐蚀的主要因素是大气的湿度。

在飞机结构上，首先观察到丝状腐蚀的常常是在铆钉头部的周围和沿着蒙皮的搭接缝处。一旦表面涂层破裂，就可以看到由于丝状腐蚀生成的腐蚀产物——白色粉末引起的隆起。

控制措施：降低环境中的相对湿度；提高磷化膜质量；合理选择涂料，采用透水率低的涂料，保证涂层的完整性。

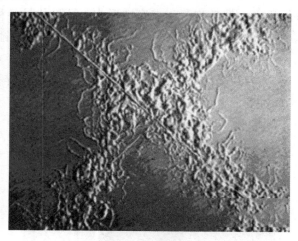

图6-11　丝状腐蚀

5. 晶间腐蚀

晶间腐蚀是金属材料在特定的腐蚀介质中，沿材料晶间发生的一种局部腐蚀。这种腐蚀是在金属表面无任何变化的情况下，使晶粒间失去结合力，金属强度完全丧失，导致构件发生突发性破坏。如果有应力存在，晶间腐蚀就会转变为晶间型应力腐蚀，而导致结构件破坏。所以，晶间腐蚀也是危害性较大的腐蚀形式之一。

易发生晶间腐蚀的金属材料有不锈钢、铝合金、含钼的镍基合金。

维修：只能更换零件。

6. 层离腐蚀

层离腐蚀是晶间腐蚀的一种特殊情况，主要发生在锻造、挤压型材上。锻造、挤压型材拉长的晶粒成层形排列，腐蚀从金属表面开始，进入晶间后，沿锻压平面的晶界继续进行，造成金属内部产生分层，称为层离。

当金属发生层离腐蚀，会引起金属构件表面的隆起，用目视或用手触摸会发现层离腐蚀的迹象。

7. 电偶腐蚀

两种不同的金属在同一介质中接触时，两金属之间若存在电位差，在两金属接触部位会产生电偶电流，使电位较低的金属遭到腐蚀，电位较高的金属得到保护，这种腐蚀叫作电偶腐蚀（图6-12），或称为接触腐蚀。两种金属的电位差是发生电偶腐蚀的条件之一，两种金属电位差越大，电偶腐蚀越严重。

控制措施：不应把属性相差过大的金属连接在一起；用绝缘材料将两金属隔开；使水分不在接触点积聚和存留；用防腐漆涂覆接触区及其周围。

图6-12　电偶腐蚀

8．应力腐蚀

应力腐蚀是指金属材料在特定腐蚀介质和拉应力共同作用下，发生的脆性断裂。这种腐蚀会使材料在没有明显预兆的情况下突然断裂，所以是危险性最大的局部腐蚀之一。

应力腐蚀发生的三个必要条件如下：

（1）敏感材料：合金比纯金属更容易发生应力腐蚀开裂。

（2）特定的腐蚀介质：对于某种金属只有在特定的腐蚀介质中，才能发生应力腐蚀断裂，而且介质中能引起应力腐蚀的物质浓度一般都很低。例如，铝合金在氯化钠水溶液、海水、水蒸气等介质中可能发生应力腐蚀断裂。

（3）拉伸应力：只有拉伸应力能引起应力腐蚀断裂，而且拉应力值越大，应力腐蚀断裂时间越短。宏观上应力腐蚀断裂方向与拉应力作用方向垂直。金属构件中的拉应力来源于冶炼、装配、焊接等加工过程中形成的残余应力，还有结构承受载荷时产生的拉应力。一般以残余应力为主，在应力腐蚀造成的破坏事故中，由残余应力引起的约占80%。产生应力腐蚀的应力值比较低，在大多数应力腐蚀系统中，存在一个临界应力值，当应力低于这个临界值时，不会发生应力腐蚀断裂，这个临界应力被称为应力腐蚀断裂门槛值。

控制措施：正确选材；降低或消除应力；控制环境；涂覆保护涂层。

9．微生物腐蚀

燃油箱中易发生微生物腐蚀，聚集在油箱底部的水滴中的微生物分泌的黏液与金属腐蚀产物、杂质等混合形成黏泥式的沉积物，当沉积物聚集在底部时会造成浓差电池腐蚀，损坏油箱的金属材料。

控制措施：控制燃油中的水分；在燃油中加抑制微生物生长的添加剂；每天对燃油箱的污物、水沉淀池进行排放，避免污物和水在底部沉积，滋生微生物腐蚀。

10. 大气腐蚀

大气腐蚀是指在常温下，潮湿空气中发生的腐蚀。影响大气腐蚀的因素：大气的湿度，由于空气的相对湿度达到了临界相对湿度，在金属表面形成薄层电解液水膜，使腐蚀速度突然增加；大气的温度和温差，温差不但影响水分的凝聚，而且还影响水膜中气体和盐类的溶解度，一般随温度的升高，腐蚀加快；大气的成分，大气中的有害气体和空气中的粉尘、颗粒。

控制措施：提高金属材料的耐蚀能力；降低大气的湿度；在金属构件表面采用保护性覆盖层；保持金属表面干燥和清洁；保持金属表面的光洁度；及时处理腐蚀产物。

11. 工业介质腐蚀

工业介质腐蚀是电瓶中的电解质泄漏引起的腐蚀或汞引发的腐蚀。在飞机上，最容易发生工业介质腐蚀的部位是电瓶舱和排放口。目前，飞机上使用的电瓶有铅—酸电瓶和镍—镉电瓶。电瓶中的电解质溶液和蒸汽都会对电瓶舱及排放口的金属造成腐蚀。水银对铝合金有很强的腐蚀作用，它会与铝合金进行化学反应，也就是产生汞齐化作用。在这个过程中，汞会沿着铝合金晶间进行腐蚀，在很短时间内，使铝合金破坏。

（三）腐蚀迹象

1. 常用合金腐蚀产物的颜色特征

（1）铝合金和镁合金：腐蚀初期呈灰白色斑点，发展后出现灰白粉末状腐蚀产物，刮去腐蚀产物后底部出现麻坑。

（2）合金钢及碳钢：腐蚀刚开始时，金属表面发暗，进一步发展变成褐色或棕黄色，严重的腐蚀呈棕色或褐色疤痕，甚至出现蚀坑，刮去腐蚀产物后，底部呈暗灰色，边缘不规则。

（3）铜合金：氧化铜是黑色，氧化亚铜是棕红色，硫化铜是黑色，氯化铜是绿色，所以铜腐蚀后可呈现出棕红、绿、黑色。

（4）镀锡、镀镉、镀锌零件：腐蚀呈白色、灰色和黑色斑点或白色粉末薄层，如果基体金属腐蚀了，则腐蚀产物与基体金属的腐蚀产物相同。

（5）镀铝零件：腐蚀呈白色或黑色，严重时表面脱落，裸露出基体金属。

（6）不锈钢：腐蚀往往是出现黑色斑坑点。

2. 构件腐蚀后的外表特征

（1）碎屑状腐蚀产物。

（2）涂层剥落、鼓起、翘起。

（3）表面变暗，粗糙。

（4）蒙皮鼓起。

（5）紧固件头部变形或脱落。

（6）变形、裂纹、点坑。

（7）褪色，条痕，起皮，变色。

（8）水银：白色小羽毛状，严重时成为霉菌状，X光片上呈现白色斑点。

二、腐蚀损伤的检查和清除

（一）腐蚀损伤的检查方法

腐蚀的检查方法包括目视法和触摸法，利用无损探伤可做进一步的检查。目视检查是通过目视观察，根据腐蚀迹象和特征，判断是否发生腐蚀。如在机身增压舱蒙皮上的铆钉后部出现黑色尾迹、蒙皮鼓起等。触摸检查法是目视检查的重要辅助手段，对剥层腐蚀，手感比目视更敏感。

1. 目视法

目视检测手段是根据腐蚀迹象和特征，判断是否发生腐蚀。它操作便捷，设备简单，经济实用，在进行目视检测时，需要有足够的日光，如果光线不足时，可采用照明设备补足光线，同时需要保证光线的入射角度不会导致阴影妨碍到观察。

2. 无损探伤法

（1）涡流检测。涡流检测法是利用电磁感应原理进行损伤检测的无损检测技术，只能检测导电材料的损伤。

（2）超声波检测。超声波是指频率不小于 20 kHz 的声波，超声检测法是根据超声波在材料内部缺陷区域和正常区域的反射、衰减与共振的差异来确定损伤的位置与大小。

（3）X 射线检测。X 射线的原理是当高能射线穿透固体材料时，能量会被吸收或削弱，强度会降低，当落在感光胶片上时，会产生潜影，呈现某种程度的黑色。如果结构中存在孔隙、裂纹等缺陷，那么这部分的 X 射线的削弱程度会降低，从而在胶片上的显影会更亮。

（4）磁粉检测。磁粉检测只能用于检测铁磁性材料的表面或近表面的缺陷，由于不连续的磁痕堆集于被检测表面上，所以能直观地显示出不连续的形状、位置和尺寸，并可大致确定其性质。

（5）渗透检测。渗透检测是一种表面无损检测方法，利用液体的毛细管作用，将渗透液渗入固体材料表面开口缺陷处。再通过显像剂将渗入的渗透液析出到表面显示缺陷的存在。其属于无损检测五大常规方法之一。

（二）飞机容易发生腐蚀的部位

对易于发生腐蚀的结构处加以重点检查，能帮助检查者及时发现腐蚀的初步迹象，采取必要的措施做进一步的检查。例如：

（1）飞机外表面、迎风面、蒙皮搭接处易发生缝隙腐蚀，迎风面易受侵蚀。

（2）驾驶舱、客舱、货舱、厨房、厕所。

（3）电瓶舱、起落架舱、电子电气设备舱。

（4）发动机安装区及进气区、排气区。

（5）无法（难以）接近区：油箱；长铰链，因材料不同（铜衬套等）易产生电偶腐蚀；机身底部易积水区，维护时应保持排水孔畅通；难以润滑的部位。

（6）操纵钢索。

（7）焊接区：由焊药造成腐蚀源（用热水冲刷）；高温引起腐蚀源。

（三）腐蚀损伤评估

在完成腐蚀检查及清除后，应按手册或规定进行腐蚀损伤的评估，以确定修理方案。通常评估的内容包括腐蚀的类型、腐蚀深度、扩散的程度、检查周期及结构件的等级。一般用刀口尺确定腐蚀区域，深度千分尺测腐蚀深度。腐蚀深度测量方法如图 6-13、图 6-14 所示。

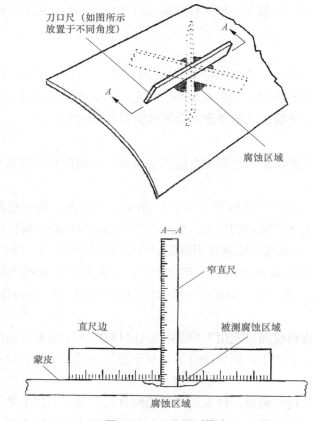

图 6-13　刀口尺测量法

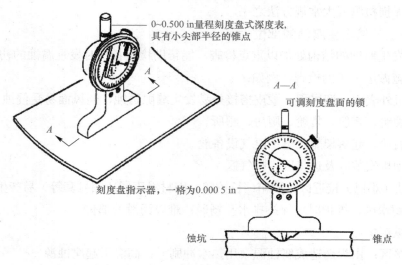

图 6-14　深度千分表测量法

（四）腐蚀清除

1．机体表面的准备工作

（1）彻底清洁机体表面。将飞机停放于合适的位置，选择合适的清洁剂，涂抹并保持机体表面湿润几分钟，用高压温水冲洗污物，对于顽固的污迹可在清洁剂中加煤油或用软毛刷刷洗。

（2）清除油漆保护层。用漆层清除剂去掉漆层或者用砂纸轻轻打磨或用铝制工具刮削漆层。

2．清除的方法和要求

清除腐蚀产物的方法有机械法和化学法。

（1）机械法。对于较轻的腐蚀，采用砂纸、打磨垫、毛刷、金属刷、刮削器、锉刀等工具进行手工打磨；对于较严重的腐蚀，采用打磨器、砂轮、喷丸设备进行动力打磨。用尼龙碟打磨腐蚀部位时，应以直线运动进行打磨，不允许交叉打磨，否则可能损伤表面。腐蚀产物清除后，先用 280 目、再用 400 目研磨纸将表面打磨光滑，用清洁剂清洗，再用 5% 铬酸进行中和处理。

（2）化学法。用毛刷涂敷除腐剂，有规律地从下往上涂抹除腐剂，从而使其形成较好的涂层。除腐剂在表面保持 5 ～ 30 min 后，用水清洗。

■ 三、腐蚀防护措施

（一）表面保护层

对飞机结构施加表面保护层是最有效的防腐措施，导致腐蚀的直接原因是构件没有适当的保护层或保护层受到损伤。表面保护层有金属保护层和非金属保护层两大类，如电镀层、表面氧化膜层、铝合金涂阿洛丁膜层和油漆保护层等。

1．表面氧化膜

（1）钢铁的氧化处理。将钢铁工件浸入氧化溶液中并加热，保持一定时间，在工件表面形成 $0.5 \sim 1.5\ \mu m$ 的 Fe_3O_4 薄膜，再经皂化、填充或密封处理的工艺方法称为氧化处理，又称发蓝。

钢铁件氧化处理广泛用于机械零件、精密仪表、兵器和日用品的一般防护和装饰，能提高工件表面的抗蚀性和润滑性，消除残余应力，减少变形，使工件表面光泽美观。

（2）铝合金阳极化处理。铝合金制品为阳极置于电解质溶液中，利用电解作用，使其表面形成氧化铝薄膜的过程，称为铝及铝合金的阳极氧化处理。在阳极上，$4OH^- - 4e \rightarrow 2H_2O + O_2$。作为阳极的铝被其上析出的氧所氧化，形成无水的 Al_2O_3 膜（$4Al + 3O_2 = 2Al_2O_3$）。

阳极氧化膜具有较高的硬度和耐磨性、极强的附着能力、较强的吸附能力、良好的抗蚀性和电绝缘性及较高的热绝缘性。

2．金属保护层

（1）电镀。电镀是表面处理的重要方法之一，经过电镀后的工件，具有优良的耐蚀性、耐磨性、防护装饰性及其他的特殊功能。

电镀的种类非常多，有镀铬、镍、铜、锌、锡、镉、铁、铅、金、银等单金属电镀，也出现了合金电镀、塑料电镀、复合电镀、脉冲电镀、刷镀等技术。

（2）包金属。在制造过程中，采用滚压工艺在铝合金结构件表面包覆一层纯铝，利用纯铝氧化膜对基体金属实现保护，如硬铝包铝合金。

3．油漆保护涂层

油漆保护涂层是控制航空器结构腐蚀的非常有效的措施，它是防止结构腐蚀的第一道防线。涂层有底漆和面漆，先涂底漆后涂面漆。

（二）防腐剂

在航空器结构上喷涂防腐剂也可起防腐作用，可以阻止腐蚀进一步蔓延。它们能起到排水和在涂层表面上形成防水膜的作用。虽然它不能完全抑制已产生的腐蚀，但它能起到减慢腐蚀的作用。在常规防腐系统中，不能用防腐剂代替涂层。将防腐剂涂在涂层受损处，可代替涂层起到临时性防腐作用。

（三）日常防腐要求

保持飞机清洁、干燥和通风，确保排水孔通畅。检查密封件、表面层，及时发现和修理初期腐蚀。每日对燃油箱排放沉淀物及积水，擦拭暴露在外部及敏感区域的部件。风雨天气时，要注意停放飞机的封严，以杜绝雨水的侵蚀。

（四）不同材料构件的防腐措施

1．铝合金的防腐

（1）包覆铝锌合金：对于7075铝合金，应在外表面包覆含1%锌的铝锌合金，而不能包覆纯铝。因为在电解液中，7075铝合金的电极位比纯铝还要低。硬铝合金应在外表面包覆纯铝。

（2）表面生成氧化膜：阳极化处理和涂阿洛丁。

（3）涂漆层：铬酸锌底漆（黄绿色）＋清漆或瓷釉漆或者环氧树脂＋聚氨酯瓷釉。

2．钢件的防腐

（1）电镀金属保护层；

（2）金属喷涂法；

（3）涂漆层。

因为防腐保护层对金属构件起着重要的防腐保护作用，所以在做飞机维修工作时，特别要注意保护金属表面保护层，不要擦伤、划伤保护层。如果由于打铆钉孔，修理蒙皮边缘或不小心使保护层受到损伤，应及时采取措施进行修补。

3．发动机防腐

（1）合理选材，研制新的高温合金。国外的一些发动机压气机采用镍基合金代替钛合金，从多晶高温合金向单晶合金、机械合金化高温合金、粉末冶金高温合金和细晶铸造合金等发展。

（2）采取净化措施。为防止高温腐蚀，可采取净化空气的办法，减少腐蚀性介质进入发动机。

（3）高温涂层技术。高温涂层按组成材料分以下4类：

1）扩散型涂层：主要是铝化物；

2）覆盖型涂层：MCrAlY 合金，M 代表铁、钴、镍；

3）覆盖、扩散混合型；

4）热障涂层：在合金基体上喷涂 MCrAlY 作为结合层然后采用等离子方法喷涂一层厚度为 0.3～2 mm 的氧化物层。

4．飞机机体的防腐

（1）保持机体表面的清洁、干燥和光滑；

（2）在金属构件表面建防蚀保护层；

（3）避免不同金属接触；

（4）进行密封处理；

（5）进行有效的防腐维护工作。

（五）特殊情况下的腐蚀处理

1．运输动物及海产品的防腐措施

运输动物及海产品应采取必要的预防腐蚀的措施：

（1）动物应安置在底部密封的牲畜栏内，栏底铺撒一层干净的木屑，以便容纳、清洁尿液、粪便。海产品要妥善包装，防止带有盐分的水污染货舱。

（2）定期地清洁和除臭。

2．酸碱溶液泼溅后的清除

溅洒的酸碱溶液会腐蚀结构件，应采用中和法进行清除。酸性溶液污染一般使用 20% 的碳酸氢钠溶液进行中和。碱性溶液用 5% 的醋酸进行中和。用石蕊试纸检查是否中和彻底。施工完成后，应在整体部位上涂防腐剂。

🔲 【工作任务的实施】

工卡标题	对金属结构件轻度腐蚀的处理		工卡编号	6-2
工作区域			实训日期	
版本	R0		工时	240 min
任务描述	对金属结构件轻度腐蚀的处理，对照工具清单按要求进行工具的清点、检查，对腐蚀损伤进行检查评估，再打磨去除腐蚀层，然后涂阿洛丁防腐处理。考核结束时，需提交工卡			
注意事项	1. 严格遵守操作规程； 2. 注意安全，严禁违规作业； 3. 保持环境卫生			

类别	名称	规格型号	单位	数量	工作者	检查者
工具、量具	口罩		个	1		
	手套		双	1		
	防护眼镜		副	1		
	深度千分尺		把	1		
	刀口尺		把	1		
设备	打磨器		个	1		
耗材	打磨片			适量		
	阿洛丁			适量		

工作步骤	工作者	检查者
1. 准备好相关工具与耗材： （1）到工具房领取工具； （2）检查工具情况，应外表完好无损伤，功能正常； （3）领取耗材； （4）办理好领取手续		

2. 准备打磨区域： （1）分辨腐蚀损伤形式，目视检查标明腐蚀类型。 （2）确定腐蚀清除区域评估以确定修理或修复的程度和范围		
3. 操作： （1）检验腐蚀层，对腐蚀深度进行初始判断。 　1）轻度腐蚀。变色或出现不大于 0.025 mm（0.001 in）的蚀坑。 　2）中等腐蚀。除有一些砂眼或剥落及起磷的痕迹外，其他征状类似轻度腐蚀，蚀坑深度为 0.25 mm（0.010 in）。 　3）严重腐蚀。一般特征类似中等腐蚀，砂眼、磷状物以及剥落或分层严重，蚀坑深度大于 0.25 mm（0.010 in）。 （2）腐蚀区域准确测量。用刻度盘式深度表测定腐蚀损伤 （3）去除腐蚀。 　1）用 180 号或 220 号细砂纸打磨去除漆层。 　2）表面应用 50 g/L（0.417 lb/US gal）的肥皂溶液冲洗，或用等效的产品冲洗，之后用温水冲洗，并用（无脱毛）毛巾清洁。 （4）对修理区域裸露的金属表面进行阿洛丁 1 200 处理。 　1）用刷子、拖把、吸水纸或干净的纤维海绵，将阿洛丁溶液涂敷到干净的金属表面。 　2）使溶液在表面反应 1～5 min，直到形成膜层。形成涂层时间取决于零件的温度。在工作区域的表面上维持连续的湿膜		
4. 目视检查		
结束工作	工作者	检查者
（1）清点工具和设备，数量足够； （2）清扫现场； （3）在工具室如数归还工具、设备； （4）在工具室归还登记簿上做好归还记录		

项目三　粘接的认知与施工

【学习任务】

本项目通过学习航空维修中粘接技术的作用、优缺点，粘接接头破坏形式，胶粘剂的选用，粘接工艺和粘接技术的应用等基本知识，完成铝板粘接修理的实训任务，让学员能够正确清点、使用粘接技术的工具、量具，能够进行粘接相关维修工作。

【学习目标】

1. 知识目标

（1）掌握粘接的作用、优缺点和破坏形式；

（2）掌握胶粘剂的组成及分类；

（3）掌握粘接工艺和应用。

2. 能力目标

（1）掌握胶粘剂的选用；

（2）掌握粘接工艺技能。

3. 素质目标

（1）养成严谨的航空维修工作作风；

（2）养成爱岗敬业、精益求精的职业素养；

（3）养成吃苦耐劳的劳模精神；

（4）树立按章办事的职业习惯；

（5）培养爱护环境的责任意识。

【典型工作任务】

随着高性能的快速固化胶粘剂和高效的胶接固化技术的研制成功，粘接技术被广泛应用于飞机结构的制造和修补中，粘接技术作为飞机结构的一种修理手段正显得日趋重要。为保证航空器的飞行安全，降低维修费用，机务维修人员必须掌握粘接技术的维修措施。维修人员该如何正确有效地完成这些工作呢？在工作的过程中，工作者应如何进行粘接修补呢？

蒙皮微裂纹粘接修理

一、粘接的认知

（一）粘接技术

1. 概述

粘接也称胶接，是通过胶粘剂把零件连接在一起而组成组件的一种方法，它可以作为铆接、螺栓连接等机械连接方法的补充。胶接又可分为结构胶接和非结构胶接两种。

非结构胶接通常是指在飞机上安装的非承力构件，如垫片、嵌件、包敷物等的粘接。该胶接主要是通过胶粘剂分子间的内聚力及其与被粘物表面的黏附力，形成牢固的胶接连接。

结构胶接通常是指在飞机上安装的次承力或承力构件，如机翼后缘壁板、垂尾前缘、调整片、扰流板等，多为金属胶接构件和复合材料胶接构件。该胶接主要是通过加温、加压固化成型成各种连接构件，质量小且强度高。金属胶接工艺与复合材料工艺是飞机生产近年来发展较快的两项新兴工艺。这两项工艺在飞机上的推广使用，对提高飞机性能，减轻飞机重量具有积极的作用。

通过胶粘剂而连接的组件叫作胶接接头。接头中除胶粘剂外的固体材料叫作被粘物，胶粘剂把被粘物所受的载荷传递到胶接接头的现象叫作粘接。在飞机零部件装配、修理过程中，粘接可以在很多部位取代传统的连接方式，如在波音 747 飞机上，约有 1 200 m² 的零部件是采用粘接方式连接的。

粘接的作用包括结构连接、表面粘涂和密封锁固等。结构粘接主要是指对那些受力比较大、粘接强度要求较高，并在使用条件下需长期保持其性能的零部件的粘接，如飞机复合蜂窝结构件、飞机机翼及机身蒙皮的粘接等。表面粘涂是指将特种功能的胶粘剂，直接粘涂在零件表面上，使零件具有特种功能的表面层，如耐磨、保温、防辐射和隐形等性能。密封锁固是机器和设备性能上的要求，密封就是不渗漏，锁固就是不松动、不脱离。

2. 金属粘接的特点

金属粘接是指采用胶粘剂将金属材料粘接成整体。若粘接的对象为结构件，则称为金属结构粘接。金属粘接相对于机械连接和焊接具有以下特点：

（1）优点。

1）粘接范围广，可粘接不同性能、不同厚度与形状的材料，并可根据材料和受力特点进行结合。

2）结合处应力分布均匀，抗振动疲劳性特别好，特别适合薄片的结合。

3）工艺设备较简单，成本低，省去钻孔、铆接紧固件等工序。

4）表面光滑，没有铆钉头的凸起和点焊点的凹陷，结构变形小，空气动力性能好。

5）粘接兼有密封、防腐、绝缘能力。

6）可减小质量，适合航空和航天的需要。

7）被粘接部件相对于机械连接或焊接而言，其疲劳强度高、应力分散、止裂性能好。例如，飞机上推广使用的金属粘接结构蜂窝壁板，具有较高的比强度和比刚度。

（2）缺点。

1）采用粘接的部件适用的温度范围相对较窄，使用温度一般能达到150 ℃左右，极少数可在200 ℃以上工作，随着温度上升，强度明显下降。耐低温在 -50 ℃左右。

2）粘接接抗不均匀，剥离强度差。粘接的抗拉、抗剪强度是靠整个结合面保证的，但端头局部一点或一条线受力时强度不高。

3）性能稳定性差，可靠的非破坏性检查方法有待提高。胶缝强度的稳定性差，例如，胶缝的抗剪强度可在 ±15% 范围内变动。

4）胶粘剂有老化问题，贮存保管条件较严格。

5）粘接过程中影响粘接性能的因素较多，易产生粘接缺陷。

6）维修困难。

3．金属结构粘接件的分类

金属结构粘接件一般可分为板—板粘接构件与板—芯粘接构件两大类。

（1）板—板粘接的典型零件有机身地板、机翼后缘上壁板、后缘蒙皮组件、平尾前缘、垂尾前缘、翼尖、口盖等。

（2）板—芯粘接结构多为楔形件、蜂窝壁板等，典型零件有副翼调整片、扰流板、升降舵和方向舵调整片等。

4．粘接接头及受力、破坏形式

（1）粘接接头的结构。粘接接头是用胶粘剂把被粘物连接起来的部位，这一部分对于发挥胶粘剂的功能及承受外力和耐久性等都具有很大的作用。它是粘接工艺中重要的问题之一。

（2）粘接接头的受力和破坏形式。

1）粘接接头的受力形式。粘接接头在实际工作状态中，其受力的情况是复杂的，其受力的形式也是多种多样的，但根据外力的作用方向与力在粘接接头上的分布情况可以分成图 6-15 所示的 4 种典型形式。

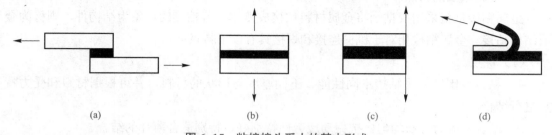

图 6-15　粘接接头受力的基本形式
（a）剪切；（b）拉伸；（c）不均匀扯离；（d）剥离

①剪切：外力平行作用于粘接面上，其所受的力是剪切力。剪切力在粘接面上的分布是比较均匀的，此时粘接接头的承载能力比较高。

②拉伸：外力垂直作用于粘接面上，其所受的力是拉伸力。拉伸力在粘接面上的分布也是比较均匀的，此时粘接接头的承载能力也比较高。

③不均匀扯离：外力垂直作用于粘接接头界面的一端或两端，粘接面上所受的力是扯离力。

④剥离：外力作用的方向与粘接面成一定的角度，粘接面上所受的力是剥离力。

2）粘接强度。粘接接头的强度是粘接接头承受外力的能力，粘接强度是衡量粘接质量好坏的重要指标，根据粘接接头受力的形式不同，粘接强度可通过 4 个强度指标进行表征。当接头所受外力与粘接面平行，在接头被破坏时，单位面积所能承受的最大剪切力为接头剪切强度，它是表示粘接强度最常用的一个指标，其单位用 MPa 表示；当接头所受外力与粘接面垂直、接头被破坏时，单位面积所能承受的拉伸力称为拉伸强度，单位用 MPa 表示。相应地，剥离强度和扯离强度是指在接头被破坏时，单位面积所能承受的最大剥离力和扯离力。

3）粘接接头的破坏形式。粘接接头在外力的作用下，其破坏形式一般有如下几种基本形式，如图 6-16 所示。

①胶粘剂本身被破坏，称为内聚破坏，如图 6-16（a）所示；

②被粘物破坏，如图 6-16（b）所示；

③胶层与被粘物界面脱开，称为黏附破坏（也称界面破坏），如图 6-16（c）所示；

④内聚破坏与黏附破坏兼有，如图 6-16（d）所示。

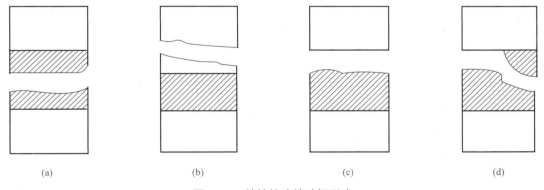

图 6-16 粘接接头的破坏形式

（a）内聚破坏；（b）被粘物破坏；（c）黏附破坏；（d）内聚破坏和被黏附破坏兼有

（二）胶粘剂的组成及分类

1. 胶粘剂的组成

胶粘剂一般以热固性树脂为基体，采用热塑性树脂做增韧剂，还有固化剂等成分。有的还配有溶剂、稀释剂、促进剂、引发剂、偶联剂、填料等。胶粘剂大多以环氧树脂为基体，另外，还有以酚醛树脂、聚氨酯等为基体的胶粘剂。胶粘剂的性能主要取决于各成分的组成、配合比及相容性。固化剂与基料可发生化学反应，使线形分子形成网状或体形结构，从而使胶粘剂固化。固化剂对胶粘剂的性能有着重要的影响，对于某些类型的胶粘剂，固化剂是不可缺少的。

2.胶粘剂的分类

（1）按胶粘剂基料的性质分。

1）天然胶粘剂：包括动物胶和植物胶，常用的有鱼胶、骨胶、淀粉等。

2）合成树脂胶粘剂：其粘料为人工合成的树脂，其中的热固型胶粘剂、热塑型胶粘剂、橡胶型胶粘剂应用很广泛。

3）无机胶粘剂：其粘料为无机硅酸盐、磷酸盐、陶瓷等

（2）按胶粘剂的基本用途分。

1）结构胶粘剂用于强度要求高、耐久性能好、能承受较大载荷和较大应力部位的粘接。

2）非结构胶粘剂用于受力不大和次要受力部位的粘接。

3）特种用途胶粘剂用于特殊用途部位的粘接与粘涂，如导电胶粘剂、导磁胶粘剂、导热胶粘剂、耐磨胶粘剂、耐腐蚀胶粘剂、耐高温胶粘剂等。

4）紧固密封胶粘剂主要用于螺纹、法兰、管子接头和轴承等配合部位。

5）密封堵漏胶粘剂主要用于门窗、管道、缸罐等部位。

（3）按胶粘剂的物理形态分。胶粘剂可分为液态和固态两大类。液态有溶液型胶粘剂、乳液型胶粘剂和糊状型胶粘剂等；固态有粉末型胶粘剂、胶棒型胶粘剂、胶膜型胶粘剂和胶带型胶粘剂等。

■ 二、粘接工艺

（一）粘接操作使用的设备

粘接操作使用的设备有砂纸、砂轮、刮板、热补仪、真空泵、控温装置（热压罐、烘箱）等。

（二）操作流程

粘接操作流程包括胶粘剂的选用，选择与设计合理的粘接接头，粘接表面的处理，调胶、涂胶与接合，固化及检验与修整6个步骤。

1.胶粘剂的选用

由于使用在飞机的材料种类很多，性质千差万别，造成不能找到一种"万能胶"成功地应用于每一种待粘接的材料上，但经过人们的不断实践，总结出不少针对不同材质使用的胶粘剂。如波音系列飞机使用的胶粘剂，EA9394为双组分胶粘剂，适用金属—金属之间的粘接，可应用在飞机襟翼扰流板的维修，RTV102胶粘剂用于密封部位的粘接。对胶粘剂进行选择时，首先按胶粘剂的基本用途和主要性能进行初步选择，再根据初选出的几种胶粘剂与被粘零件、部件的使用状况进行对比分析，经过必要的试验考核，最终确定胶粘剂的类型。

2.粘接接头的合理选择与设计

（1）常用粘接接头的基本形式。以常用平板粘接接头的基本形式为例，如图6-17所示。就其基本类型而言有对接、斜接、搭接、套接、嵌接等。

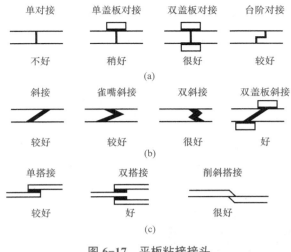

图 6-17 平板粘接接头

（a）对接；（b）斜接；（c）搭接

（2）粘接接头设计的基本原则。粘接接头的设计要满足两个方面的基本要求：一是满足承载能力的要求；二是保证粘接后零件或部件的加工图纸上的技术要求。同时，应尽量使接头粘接面承受剪切或拉伸力，还应尽可能增大粘接面积，并且应保证胶层的均匀与连续。

3．粘接表面的处理

对被粘物进行表面处理，主要是脱脂除油、清洗、表面化学处理、清洗、干燥五步，可使被粘物表面获得最佳的表面状态，有利于胶粘剂的充分浸润和黏附，获得良好的粘接效果。

被粘物表面的尘埃、油污、锈蚀、水分等附着物，影响胶粘剂的浸润与直接接触，因此粘接前必须脱油脂处理。飞机维修中常用的清理溶剂为丙酮、酒精等。一定粗糙度的表面，可获得较高的粘接强度，其原因是粗糙表面可以增加粘接面积和增强抗机械作用力。常用的除锈、粗化的方法有手工法、机械法和化学法。手工法使用的工具有砂纸、砂布、锉刀、刮刀、油石、砂轮等。

表面化学处理是提高粘接质量，提高接头耐用度的重要手段。铝材常用的方法为铬酸或磷酸阳极化处理，钢材和不锈钢采用硫酸酸洗方法，钛合金采用 PASA 冻胶法和铬酸阳极化法进行表面处理。

4．调胶、涂胶与胶合

一般胶粘剂多为双组分组成，A 组分为主要粘料，B 组分主要为固化剂。调胶时要严格按照所使用的胶粘剂的配合比进行，否则将导致固化不完全或胶层变脆。

涂胶常使用刮板完成。在涂胶操作过程中，一般应先涂少量胶，并用力使胶粘剂与被粘物表面充分浸润，然后加厚涂层。涂胶时应朝一个方向移动，防止气泡产生，涂胶速度不能太快，以利于空气的排除。涂胶应均匀，涂胶量以保证所需胶层的厚度为宜。

胶合也称粘合或合拢，是将涂胶后或经过适当晾置的被粘物表面粘合在一起的操作方法。胶层的厚度应以满足被粘物表面涂敷后不缺少胶液为原则。实验表明，大多数胶粘剂的剪切强度，随着胶层厚度的增加而降低的，这是因为厚的胶层容易产生气孔等缺陷，同时内应力也会相对增大。一般有机胶粘剂的胶层厚度以 0.05 ～ 0.1 mm 为宜，无机胶粘剂的厚度以 0.1 ～ 0.2 mm 为宜。

5. 固化

固化是胶粘剂通过物理、化学作用，使其变为固体并具有一定强度的过程，它是获得良好粘接性能的关键过程，只有完全固化其强度才会最大。只有升高温度才能使固化反应继续进行，趋于完全固化。因此，固化时必须掌握好温度、时间、压力。

在飞机维修中，常利用真空包、热补仪对粘接部位进行加温加压固化。热补仪如图 6-18 所示。

图 6-18　热补仪

热补仪的使用

6. 粘接质量的检验

对粘接质量进行初步检查，常用方法有目测法、敲击法、溶剂法。

（1）目测法。在固化结束后，用肉眼或放大镜观察胶层周围有无脱胶、裂缝、疏松、位错、碳化和接缝不良等。

（2）敲击法。用圆木棒、小锤或硬币敲击粘接部位，如果发出清脆声音，表明粘接良好。若声音沉闷则表明里面很可能有大气孔或夹空、脱层和胶粘剂缺陷。

（3）溶剂法。用丙酮浸脱脂棉，敷在胶层暴露部分的表面，浸泡 1 ～ 2 min，看胶层是否软化或粘手，以此判断是否完全固化。如果胶层不软化、不粘手、不溶解、不膨胀，表面已完全固化，否则未固化或固化不完全。

对于复合材料中的粘接结构质量的检查常使用无损检测的方法。利用 X 射线、超声波和红外热成像等手段可以精确、快捷地检测出粘接连接结构的接头质量好坏。通过超声波测试，可观察到粘接结构是否分层、脱胶；红外热成像仪则是用来检测粘接结构内部有无积水。检测中使用到的超声波测试仪和红外热成像仪等设备如图 6-19、图 6-20 所示。

图 6-19　超声波检测仪

图 6-20　红外热成像仪

7. 粘接质量控制

（1）材料的要求。金属粘接中无论是胶粘剂、胶膜还是工艺辅助材料，都有明确的贮存管理要求。特别是对胶膜的贮存条件和贮存期有着严格的规定，超期和不合格的材料禁止使用。

（2）环境控制要求。胶接操作必须在清洁间或净化间进行，清洁间主要控制温度、相对湿度、空气清洁度，并保持室内有正压力差。温度应为 18 ℃～ 30 ℃，相对湿度不大于65%。空气中 10 μm 和大于 10 μm 的粉尘数量不多于 4 个 /L。

（3）设备控制要求。烘箱、热压罐等设备均应定期校验并处于合格有效状态，所有温度、压力、真空等仪器仪表也应定期校验并处于合格有效状态。

（4）维护控制要求。

1）所有施工用的工具、工装、工作台等在使用前后均应清洗干净。当清除工装上的胶液斑痕时，不得划伤工装的工作面。

2）定期检查所使用的设备、电源和电气系统，经常清除尘埃、污染物及胶斑。

（5）质量控制要求。质量控制贯穿整个胶接生产的全过程，除制造过程的各工序检验、完工产品检验外，还应进行专门的无损检测及性能测试等。

（三）粘接操作的安全注意事项

合成胶粘剂的各个组分大多数为有机化合物，有的对人体有毒害作用、有的易燃、有的有腐蚀性。操作时，应严格遵守有机物和有毒物操作的一般安全操作规程，尽量避免用手直接接触，要戴口罩，穿工作服，戴防护手套。操作过程务必在远离火源的地方进行，特别注意通风。

（四）粘接技术的应用

随着高性能的快速固化胶粘剂和高效的胶接固化技术的研制成功，粘接技术被广泛应用于飞机结构的制造和修补中，粘接技术作为飞机结构的一种修理手段正显得日趋重要。

飞机中大量使用的复合材料就是通过金属间、金属与非金属间及非金属与非金属间的粘接制造而成的。

复合材料维修人员可根据 SRM 手册的规定对复合材料进行修补，完成金属间、金属与非金属间以及非金属与非金属间的粘接工作。

工卡标题	铝板粘接修理			工卡编号		6-3
工作区域				实训日期		
版本	R0			工时		240 min
注意事项	1. 做好通风、防火工作，备好灭火设施； 2. 防止将胶粘剂直接与皮肤接触； 3. 配置劳动保护用品； 4. 注意胶粘剂材料的有效期					
工具	名称	规格型号	单位	数量	工作者 Perf.By	检查者 Insp.By
	木槌		把	1		
	钢尺	0～200 mm	个	1		
	记号笔	2BH	支	1		
	橡皮		块	1		
	电钻/气钻	Z6-1	把	1		
	钻头	φ3.5	个	1		
	航空剪	10″	把	1		
	热风机		个	1		
	刮板		个	1		
	圆规		个	1		
设备	飞机机身蒙皮		块	1		
材料	铝板	1 mm	块	按需		
	丙酮		瓶	按需		
	脱脂棉球		个	按需		
	胶粘剂		瓶	按需		
	砂纸	80 号、120 号	张	按需		
工作准备					工作者	检查者
1. 准备好相关工具与耗材： （1）到工具房领取工具，检查工具外表，应完好无损伤，功能正常； （2）领取耗材； （3）办理好领取手续						

工作准备	工作者	检查者
2. 破损区域的处理。 （1）将破损部位使用木槌进行修正，使其表面平整。测量破损裂纹的长度 L，在裂纹两端使用钻头钻出直径为 3.5 mm 的孔，消除应力集中。 （2）对损伤区域进行表面处理。使用 80 号和 120 号砂纸对损伤区域进行打磨，先使用粗砂纸，再使用细砂纸，然后用蘸有丙酮的脱脂棉球对表面进行清洗。多次清洗后，使用吹风机进行干燥。 （3）表面阳极化过程省略		
3. 补片的准备。 （1）裂纹直径是 10 mm，补片的直径比裂纹的直径大 50～55 mm，在铝板上剪下适当大小的圆片。 （2）对其进行表面处理，处理过程与破损区域处理过程相同。 （3）在破损区域内，沿裂纹方向及与其垂直方向为坐标轴，用记号笔标出。将补片与其叠合，圆心与坐标原点基本重合。在补片上也画出相应的坐标轴		
4. 胶粘剂配制（口述，不实操）		
5. 刷胶粘剂。使用刮板将胶粘剂刷在补片上，厚度为 0.2～0.3 mm，为防止胶粘剂气泡，应沿同一方向移动胶粘剂，移动速度为 2～4 cm/s。 使用无溶剂环氧树脂胶粘剂，不需要进行晾置		
6. 粘合。将补片粘合在受损蒙皮表面，利用坐标轴找准补片放置的位置		
7. 固化。把补片粘接在蒙皮外表面，固化 24 h		
8. 清理。固化后取下加压工具，再用砂布打磨补片边缘，使之光滑，去除余胶。用橡皮擦掉画线		
9. 质量检测： （1）目测法检测； （2）敲击法检测； （3）溶剂法检测		
结束工作	工作者	检查者
（1）清点工具和设备，数量足够； （2）清扫现场； （3）归还工具、耗材； （4）在工具室归还登记簿上做好归还记录		

参考文献

[1] 任仁良.维修基本技能（ME、AV）[M].北京：清华大学出版社，2010.

[2] 黄方遒.飞机维修工程基本技能指导[M].北京：中国民航出版社，2012.

[3] 航空制造工程手册总编委会.航空制造工程手册[M].北京：航空工业出版社，2010.

[4] 杜来林，宋晓军.飞机附件检修[M].北京：航空工业出版社，2006.

[5] 汉锦丽.飞机铆接工理论与实训[M].西安：西北工业大学出版社，2014.

[6] 职业技能培训MES系列教材编委会.铆装钳工技能[M].北京：航空工业出版社，2008.

[7] 白冰如，拜明星.飞机铆接装配与机体修理[M].西安：国防工业出版社，2015.

[8] 汪定江，夏成宝.航空维修表面工程学[M].北京：航空工业出版社，2006.

[9] 王海宇.飞机装配工艺学[M].西安：西北工业大学出版社，2012.

[10] 中国民用航空局.MH/T 3023-2011推进系统中保险钢索、保险丝、制动垫片和开口销的一般应用方法[S].北京：中国民航出版社，2010.